JN021350

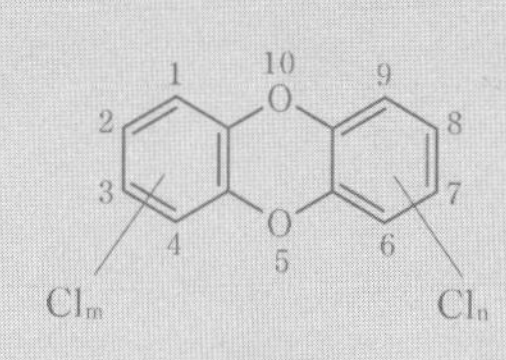

身のまわりの「危険物の科学」が一冊でまるごとわかる

齋藤 勝裕 著
Katsuhiro Saito

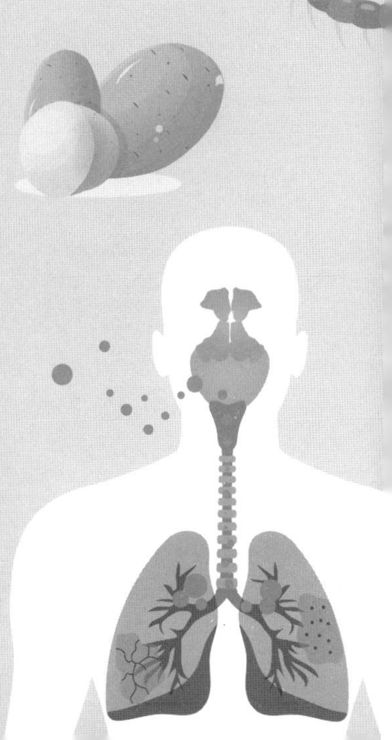

● はじめに ●

本書は『身のまわりの「危険物の科学」が一冊でまるごとわかる』というタイトルの通り、私たちの身のまわりにある危険物とその危険性、並びになぜ危険とされるのかを、ぜひ知っていただきたいと思い、執筆したものです。

身のまわりの危険というと、自動車事故に巻き込まれる危険性や、包丁で指を切る危険性などもありますが、それはあえて述べるまでもないでしょう。本書で述べる「危険」とはそういうものではなく、知識があれば避けられたのに、その知識がなかったばかりに思わぬところで巻き込まれてしまうような危険のことをいいます。そのような危険を知るには、多少の化学の知識が必要になってきます。

たとえば、キッチンに置いてある「お酢」は料理にとても役立つものです。また、「漂白剤」も日々の洗濯やキッチン用品の漂白に役立ちます。たしかにそれぞれ別々に使っているときはいいけれども、万一「お酢」と「漂白剤」を混ぜてしまったら、そのとたん、「殺人ガス」が発生することをご存じでしょうか。いわゆる「混ぜるな危険！」というものですが、では、なぜ殺人ガスに豹変するのでしょうか。

また、最近の窓のほとんどはアルミサッシでできています。アルミはサッシに限らず、どこにでも使われている素材です。そこで、アルミ製のボトルに液体洗剤を入れて持ち運んだらどうなるか、ご存知でしょうか。爆発する危険性があります。実際に地下鉄の車内で爆発事故が起き、数十人の人がケガを負っています。

このように、私たちの身のまわりには、「私たちが気に留めないけれど、とても危険な物」が無数に存在しています。単体であれば危なくはないけれど、別の用途で使うものと合わせたとたん、設計者も考えつかない危険物に変わったりするのです。

本書はこのような意味での「危険物」を読者の皆様にお知らせし、その危険性を理解し、身を避けていただきたいと思って書いています。

ところで先日（2023年4月）、NHKの『クローズアップ現代』が「PFAS」（ピーファス）の危険性について解説していました。PFASという言葉を初めてお聞きになった人も多いでしょうが、かつて大きな問題になった「オゾン層破壊物質」のフロンと非常によく似た有機フッ素化合物のことなのです。

フロンはオゾン層を破壊しましたが、人間の体に及ぼす直接の被害としてはそれほど問題にはされませんでした（紫外線の問題はありましたが）。しかし、PFASは、直接的に人間に及ぼす健康被害が大きくクローズアップされています。

私自身、このPFASのもつ危険性については、15年近くも前に書いた『知っておきたい有害物質の疑問100』（SBクリエイティブ、2010）で指摘し、警鐘を鳴らしたつもりでした。

しかし残念なことに、日本の関係機関はいつも通り腰が重く、やっと最近になって「PFASは危険だ」と大騒ぎを始めています。このような関係機関の感度の問題、そして対応の遅れがいかに重大な結果を生み出すか。それはかつてのエイズ（HIV）問題、サリドマイド事件などを思い起こせば明らかなことではないでしょうか。

本書はこのような、気づかないうちにヒッソリと忍び寄る危険物、あるいは以前から問題にされながら、あまりに身の近くにあるので意識に上らなかった危険物、さらには明日にでも遭遇してから「シマッタ！！」と思うようなさまざまな危険物について、ページの許す限りご紹介しました。

家庭、学校、職場での日常生活はもちろん、公園、キャンプなど、楽しいアウトドアにお出かけの前にも、本書にざっとでも目を通していただけると役立つものと思います。

キャンプに行って、昔の知識で、「ヤマカガシ（ヘビ）は毒ヘビではない」と思っていると大変です。実は、ヤマカガシの毒性はハブよりも強いのです。また、温暖化の影響で、これまで日本近海に棲息していなかったヒョウモンダコと呼ばれる強毒のタコも出現しています。ぜひ、本書で新しい知識を身につけていただければ幸いです。

最後になりましたが、本書作成に並々ならぬ努力を払ってくださったベレ出版編集部の坂東一郎氏、編集工房シラクサの畑中隆氏、並びに参考にさせていただいた書籍の著者、出版社の方々に深く感謝を申し上げます。

2023年5月　齋藤 勝裕

CONTENTS

第2章 バス・トイレ・洗面所の危険物

第3章 リビングに潜む危険物

第4章 薬品・化粧品の危険物

第5章 ベランダ・園芸の危険物

第6章 学校・オフィスの危険物

第7章 公園・キャンプの危険物

第8章 工場・跡地の危険物

序章

危険物とは

メーカーさえ想定していなかった「危険な出会い」

── 科学(化学)から見た危険物

驚かれるかもしれませんが、私たちは「危険物に囲まれて生活している」のです。キッチンに行けば切っ先鋭い包丁が何本も並んでいますし、ガスコンロではメタンガスが青い炎を上げて燃え、鍋に入った水がグツグツと沸騰しています。

●危険物の種類

危険物は家の中だけではありません。一歩外に出れば、そこには自動車が高速で走っています。

その道路の端にはキョウチクトウ（夾竹桃）を見かけますが、これは毒植物の代表とも呼べるものです。「毒？ それなら燃やしてしまえばいい」と思っても、その煙にまで毒があります。

公園なら安心と思って行ってみても、公園の下草の陰には触っただけで皮膚がただれるという、猛毒キノコのカエンタケが毒々しく赤い菌糸体を悪魔の手のように広げています。

ふだん、私たちは日常生活の中に潜む危険物の間をまるで綱渡りでもするようにすり抜けながらなんとか毎日を過ごしているのです。とすれば、このような危険物の性質を知ったうえで、それらをうまく、賢く避けながら生活していきたいものです。

とはいうものの、危険物の種類はあまりに多く、その性質はあまりに多岐にわたっています。そもそも、包丁、自動車、キョウチクトウ、カエンタケといった種類の異なるものを同じ土俵で考え、対応しようとするのは無理があります。

そこで、包丁、自動車、各種の機械など、物理的・機械的な危険物は別にして、本書ではキョウチクトウ、カエンタケのような**毒物**、燃焼物、爆発物のような**化学的危険物質**、およびスズメバチ、マムシ等の**有害動物**などを選択して扱うことにしました。なぜなら、**これらの危険物に対しては「知識」があれば十分に対応可能**だからです。

●科学(化学)的危険物

上記のような危険物は**科学的危険物**、あるいは**化学的危険物**と呼ぶことができるでしょう。なぜなら、これらの危険物の危険性はその物質のもつ科学的（化学的）性質に基づくからです。

その中で最も危険なのは**毒性**です。毒物とは少量で人の命を奪うものです。ここで「**ある物質をどれほどの量だけ食べたら命を落とすか**」という量のことをその物質の**経口致死量**といいます。これは毒性を見る指標で、それ以上投与すると半数が死ぬ量を**半数致死量**といいLD_{50}などと表わします。

次の図0－1－1は有毒性の程度を経口致死量（半数致死量）で表わしたものです。具体的な毒物の名前は入れてありませんが、青酸カリやフグ毒（テトロドトキシン）は体重1kg当たりわずか5mg（0.005g）で致死量に至るという「猛毒」です。逆に15g以上食べても何ともないというものは「無毒」の扱いになっています。

図0-1-1●無毒から超猛毒までの毒としての基準（人の経口致死量）

超猛毒	5mgより少量
猛毒	5 ～ 50mg
非常に強力	50 ～ 500mg
比較的強力	0.5 ～ 5g
僅少	5 ～ 15g
無毒	15gより多量

（人が体重1kgあたりこれ以上体内に入れると50％の人が死ぬ分量）

本書では「危険物」という呼び方をしていますが、この表でどこからどこまでを「危険物」とするかは定かではありません。上になるほど毒性が強く、下になるほど危険性が低くなるのは確かなことです。

●「無毒」に分類されているなら安全といえるか？

ごはん（お米）は先の図0－1－1でいえば「無毒」と分類されますが、そのごはんであっても大量に食べ続ければ肥満や糖尿病で命を縮めます。また、水飲みコンクールで短時間に大量の水を飲み、帰宅後に「水中毒」で亡くなった女性の例もあります。

次の図0－1－2は、ふつうは無毒と思われる物質まで含めた物質の毒性のランキング表です。塩化ナトリウム（食塩）やビタミンCを、まさか毒だと思う人はいないでしょう。

しかし、図を見ればわかるように半数致死量が測定されています。ということは、これ以上飲めば半数の人は死ぬ可能性が高いということです。

図 0-1-2●毒性の強さランキング

強 ↑ 弱

	半数致死量（mg/kg）
ボツリヌストキシン（A型）（ボツリヌス菌）	0.00000037
ベロ毒素（O−157）	0.001
サリン（毒ガス）	0.35
シアン化カリウム（青酸カリ）	7
パラコート（農薬・除草剤）	250
塩化ナトリウム（食塩）	3500
ビタミンC（栄養素）	12000

注）資料により差が大きいため目安と考えてください。

さすがに「ビタミンC中毒で死亡」などという新聞記事を見たことはありませんが、「ビタミン過剰症」という症状はあります。何ごとにしろ、過ぎたるは及ばざるがごとしです。

もし自宅に薬箱があったら、用法・用量の欄を見てください。大人1日1錠、子供1日0.5錠などと書いてあるはずです。これは「**薬といえども、それ以上飲むと有害**ですよ」ということです。早く治りたいからと一度に30錠も飲んでしまえば、起き上がれなくなる可能性だってあるのです。

ギリシャには、「量が毒を成す」という諺（ことわざ）があります。毒の源は大量摂取だということです。どんなものであれ、大量に摂れば毒になるのです。

●予期せぬ「危険との出会い」

昔なら、ギリシャの諺どおり、量さえ守っていれば、ひどい目に遭うことはそれほどなかったでしょう。それだけ危険物が優しく、単純だったのです。しかし現代の危険物は違います。量を守っただけでは安全とはいえません。

現代の化学物質はその物質にふさわしくない所で使用された場合、本来の能力を発揮しないどころか、激しく牙をむくことさえあるからです。

2012年、終電間際の地下鉄（丸の内線）車内で、女性の持っていたコーヒーのアルミ缶が爆発し、中から液体が飛び散りました。満員状態のため、近くにいた乗客16人がその液体を浴び、うち9人が病院に搬送される事態になりました。

では、液体はなんだったのかというと、業務用のアルカリ洗剤でした。女性はコーヒーを飲みほした後、そのアルミ缶にアルカリ洗剤を詰めて持ち帰る途中でした。結局、アルミとアルカリが反応して水素ガスが発生し、それがアルミ缶を破裂させたのです。

実は、2023年5月にも同様のことが起こりました。東京の東武スカイツリー線・西新井駅の券売機近くでコーヒー缶（アルミ製）

が爆発。男性が勤務先からコーヒー缶に洗剤を入れて持ち帰ろうとしたところ、強アルカリで圧力がかかりコーヒー缶が破裂したと考えられています。

この破裂事故で、近くにいた20代の女性が顔などにやけどをし、女性を介抱した駅員も液体が手について軽い怪我をしたようです。

洗剤もアルミ缶も、それなりの使い方をされていれば問題ありませんでしたが、これらの事例は**メーカーの「想定しない出会い」が引き起こした爆発**でした。

また、塩素系の漂白剤と酸性の洗剤が出会えば「猛毒の塩素ガス」を発生することは「**混ぜるな危険！**」の標語でよく知られています。「危険な出会い」は漂白剤と洗剤だけではないのです。

このように現代の危険物は、化学反応を起こして人々に襲いかかります。化学反応を起こさなければ優しく便利な素材なのですが、いったん化学反応を起こせば豹変します。実は、「どのように豹変するか」はその素材をつくった技術者にも予想のつかないことがあります。起きてから初めて、ナルホドと思うのです。

毒物と劇物はどう違う?

——法律から見た危険物

本書では「毒物、劇物、危険物」などをまとめて「危険物」として紹介していきますが、法律的にはこれらの間には少しずつ差があります。少し整理しておきましょう。

●「毒薬・劇薬」と「毒物・劇物」の違いは何か?

「毒薬・劇薬」と、「毒物・劇物」は、文字としては「〜薬、〜物」の違いですが、法律的にはどのように違うのでしょうか。

「医薬品」のうち、内服や注射などによって体内に吸収された場合、人や動物に強い副作用などによって危害を起こしやすい毒性・劇性(微量で命に影響を与える性質)の強い物質のことを「**毒薬・劇薬**」といいます。「薬事法」に基づいて厚生労働大臣が指定します。

上の毒薬、劇薬と同じように毒性・劇性の強い物質でありながら、「医薬品」や「医薬部外品」には該当しないものを「**毒物・劇物**」といいます。こちらは「毒物及び劇物取締法」で規制されています。

●「毒薬・毒物」と「劇薬・劇物」の違い

では、「毒、劇」の違いはなんでしょうか。

同じように人に害を与える化学物質であっても、「毒薬と劇薬」

「毒物と劇物」があります。この「毒」と「劇」の違いは危険度（毒性）の強弱を表わします。毒性の強いほうが「毒」であり、それより少し劣るものが「劇」となります。その違いは致死量で表わすと、およそ10倍です。

○急性毒性

体内に入ってただちに毒性が現れる物に対しては、次のように区別しています。つまり、経口半数致死量LD_{50}で比較すると、200mg/kg以下のものを劇薬、劇物といい、LD_{50}が20mg/kg以下のものを毒物、毒薬と区分けしているのです。

○慢性毒性

その他に、次のいずれかに該当するものを劇毒薬、劇毒物に指定します。

・薬用量の10倍以下を長期連続で投与したときに障害を認めるもの
・安全域が狭いもの（致死量と有効量、中毒量と薬用量）
・薬用量以内を服用した場合、副作用の発現率が高いもの
・蓄積作用や薬理作用が激しいもの

●毒薬･劇薬の表示と保管管理

毒薬・劇薬の容器またはパッケージについては、薬事法でその表示方法が決まっています。

つまり次の図0−2−1のように、

・毒薬……黒地に白枠、白文字で、品名および「毒」と表示
・劇薬……白地に赤枠、赤文字で、品名および「劇」と表示

と表示をしなければなりません。

図 0-2-1●表示を見れば「毒薬と劇薬」の違いがわかる

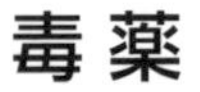

なお、保管に関しても定めがあり、病院や薬局では他の薬と区別して、毒薬・劇薬を貯蔵・陳列しなければなりません。とくに毒薬は専用の施錠のできる保管庫に貯蔵・陳列しなければなりません。

しかし、患者さんが保管する場合については、特別の規定はありません。

●毒薬・劇薬の販売・譲渡

毒薬・劇薬は、①14歳未満の者、②安全な取扱いをすることに不安を認める者への販売や譲渡は禁じられています。ただし、医師などの処方箋で「調剤された医薬品」の場合、特定の人への使用が決まっていますので、薬事法上の医薬品には該当しません。このため、「毒薬・劇薬」に当たらず、たとえ14歳未満であっても販売・譲渡することは可能です。

一般の人が薬局から毒薬・劇薬を購入する際には、

①毒物や劇物の名称と数量

②販売や授受の年月日

③販売などの相手の氏名、職業、住所

を記載のうえ、押印した書面を提出しなければなりません。

●毒物・劇物の表示と保管管理

薬物以外の場合、その表示はどうすればいいのでしょうか。まず、毒物には「赤地に白文字で毒物」、劇物には「白地に赤文字で劇物」とすることだけでなく、それ以外にも「**医薬用外**」の文字をパッケージに記載しなければなりません。

図 0-2-2●「医薬用外」の文字を追加する

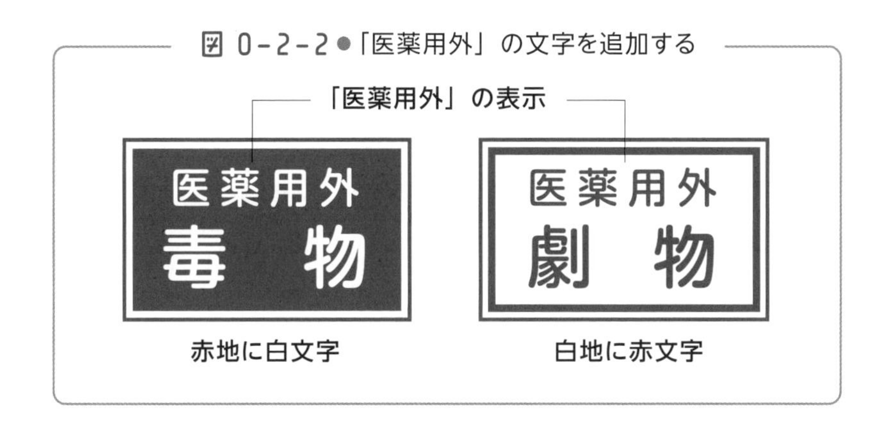

毒物・劇物の販売業者は、「毒物・劇物を他のものと区別して、施錠できる設備に貯蔵」すること、地震などによる転倒を防ぐために「保管庫などは壁などに固定する」ことが求められています。

●毒物・劇物の販売・交付(譲渡)

毒物・劇物の販売は、①18歳未満の者、②麻薬、大麻、アヘンまたは覚せい剤の中毒者に対して禁止されています。また、心身の障害により、保健衛生上の危害防止のための措置を適正に行なうことのできない者に対しても、販売はできません。

毒物・劇物を購入する際には次の事項を書面に記載しなければな

りません。
①毒物や劇物の名称と数量
②販売や授受の年月日
③販売などの相手の氏名、職業、住所

薬局などの販売業者が一般の人に毒薬・劇薬を販売するときには、上記事項を記載のうえ、押印した書面の提出を受ける必要があります。

●危険物の分類

次にあげた6つの物質は「毒物・劇物」とは別に、「**危険物**」と指定されているものです。「毒物・劇物」と同様に、特別の取り扱いが義務づけられています。

第1類　酸化性固体：相手を酸化させる性質をもつ固体
第2類　可燃性固体：自分自身が燃える性質をもつ固体
第3類　自然発火性物質及び禁水性物質：自然に発火する物質、水と反応して発火する物質
第4類　引火性液体：近くに炎があると燃える物質
第5類　自己反応性物質：自分が分解などの反応を起こす物質
第6類　酸化性液体：相手を酸化する性質のある液体

第1章

食卓の危険物

1-1

健康野菜も危ない？間違えて食べてしまう？

——錯誤による有毒食品

食卓にはいろいろな品物が並びます。食品（ごはんやパン、惣菜など）はもちろん、食器（皿、茶碗、コップなど）、カトラリー（箸、スプーン、フォークなど）、調味料（醤油、ソースなど）です。

単位面積当たりでこれだけ多数の品物が並ぶのは、食卓が一番ではないでしょうか。それだけに楽しい食卓なのですが、「危険！」と思える品物が入り込む可能性は決して小さくありません。

●有毒な山菜

食卓の中心は「食品」であり、野菜、肉、魚、調味料です。その健康野菜の中にも危険食品があるといったら、驚かれるでしょうか。もちろん、現代のスーパーに並ぶ野菜のほとんどに危険物の心配はありません。

しかし、つい20年ほど前までは、今では危険物とされる野菜が、それも「健康野菜」としてスーパーにも並んでいたのです。

それは**コンフリー**です。コンフリーはコーカサス地方原産の多年草で、高さは60cm ～ 90cm、初夏から夏にかけて釣鐘（つりがね）状の白、あるいは薄紫色の花を咲かせます。わが国では、コンフリーは昭和40年代に健康野菜としてブームになり、家庭菜園などで栽培され、若い葉を天ぷら、おひたし、炒め物などにして食べていました。

コンフリーはピロリジジンアルカロイド（PAs）を含むことが知られています。このPAsを長期間、過剰に摂食すると肝障害などを引き起こすことが明らかになり、ドイツやオーストラリアでは、PAsの摂取量の基準を定めています。

図1－1－1 健康野菜として知られていたコンフリー

資料出所：Agnieszka Kwiecień

つまり、当時、わが国ではそのことを知らずに、あるいは無毒と間違って食べていたということになります。

幸いにも、コンフリーによるPAsの食中毒は発生せず、当時の厚生省（現、厚生労働省）はコンフリー及びこれを含む食品について販売禁止としました。現在、家庭菜園などで栽培している場合には、これを食べるのはやめたほうがよいでしょう。

●毒性のワラビをなぜ食べられる？

コンフリーのような外来野菜だけでなく、昔から日本人に愛されてきた野菜の中にも毒成分を含むものがあります。その1つが**ワラビ**です。ワラビにはプタキロサイドという有毒成分が含まれています。**ワラビは放牧の牛が間違って食べると血尿をして倒れる**といわれるくらい、一過性の強い毒をもちます。

しかし怖いのは一過性の毒性だけではありません。プタキロサイドには非常に強い発がん性があることが知られています。一過性の毒は臨床医療でやり過ごしても、その後にがんが追いかけて来るかもしれないのです。

しかし多くの人はワラビを食べていますし、しかもワラビのせいでがんになったという話も聞いたことがありません。それはなぜなのでしょうか。

図1−1−2 食べごろになったワラビ
資料出所：Kropsoq

それは一言でいうと、「おばあちゃんの知恵」です。山で採ったワラビをそのまま食べる人はいません。**アク抜き**（灰汁抜き）といって、灰汁（あく）（灰の水溶液）や重曹水（$NaHCO_3$水溶液）に一晩漬け、それから茹（ゆ）でて食べます。この灰汁に漬けることでプタキロサイドが分解して無毒になるのです。中学や高校の化学の本を見ればわかるとおり、灰汁はアルカリ性です。

私たちは「植物はセルロースやデンプンといった炭水化物（分子式：$C_n(H_2O)_m$）からできている」と教わりました。炭水化物が燃えたら、炭素Cは二酸化炭素CO_2の気体となり、水H_2Oはそのまま水蒸気となって揮発してしまいます。つまり、植物が燃えた後には何も残らないはずです。

しかし、**植物が燃えた後には「灰」が残ります。この灰とはいったい何でしょうか**。

それは**植物の三大栄養素**を考えれば明らかです。三大栄養素とは、窒素N、リンP、カリ（カリウム）Kの3つの元素のことです。

窒素は燃えれば（つまり、酸化されれば）酸化窒素の気体となって揮発します。しかし、リンの酸化物には気体だけでなく、固体もあります。カリウムは金属であり、その酸化物は固体です。これら**リンやカリウムの酸化物**が灰の正体なのです。植物にはこのほかに多くの金属元素（ミネラル）が含まれており、それらの酸化物が灰になるのです。

問題はカリウムの酸化物です。これは酸化カリウムK_2Oですが、空気中の二酸化炭素CO_2と反応して炭酸カリウムK_2CO_3となります。

$$K_2O + CO_2 \rightarrow K_2CO_3$$

そして酸化カリウム（K_2O）にしろ炭酸カリウム（K_2CO_3）にしろ、水（H_2O）に溶ければ水酸化カリウム（KOH）となります。

$$K_2O + H_2O \rightarrow 2KOH$$

$$K_2CO_3 + H_2O \rightarrow 2KOH + CO_3$$

水酸化カリウム（KOH）は、水酸化ナトリウム（NaOH）と並ぶ強アルカリ化合物です。ワラビのプタキロサイドは、この強アルカリ性水溶液で加水分解され、無毒化されるのです。

「ワラビを灰汁で煮れば無毒になる」というのは、どの家でも代々伝わってきた民族の知恵、おばあちゃんの知恵です。ただ、その知恵を獲得するまでには多くの犠牲者が出たはずです。「おばあちゃんの知恵」の中には根拠のない迷信もありますが、有益な知恵もたくさんあります。頭ごなしに「迷信」と片づけるのではなく、その中身を考えてみたいものです。

●間違いやすい山菜・毒草

ワラビだけでなく、春先には山菜と間違って毒草を食べてしまう人が出てきます。たとえば、**スイセン**とニラを間違えて食べて命を落とす人もいます。スイセンも猛毒で、花壇にニラと混植しているうちに区別できなくなることもあるようです。

冷静に考えると、臭いを嗅げばわかりそうなものなのですが、ニラと信じ込むとなかなか気がつかないのかもしれません。しかもニラだと思っているので一度に大量に食べてしまいます。気をつけたいものです。

猛毒のアコニチンをもつ**トリカブト**と、可憐なニリンソウ（二輪草）もそのような例です。ニリンソウは手の形に大きく切れ込んだ葉の葉柄から二輪の白い花が出る珍しい植物で、気の利いた料亭で早春の料理の付け合せに使われます。

猛毒のトリカブトの葉も形がよく似ているため、間違ってトリカブトの葉を飾り、それを食べて事故が起こります。葉は似ていても花はまったく似ていないためニリンソウは、「花があることを確認して使うように」といわれています。

図1−1−3 ニリンソウとトリカブト　資料出所：アルプス岳、クマアプル9

棘(とげ)のゴンズイ、体内のフグ

—— 怖〜い有毒魚

魚の毒には2種類あります。1つは「棘(とげ)の毒」で、刺されるとひどい目に遭います。もう1つは「身にある毒」で、食べると命にかかわります。

●棘が怖いゴンズイ、カサゴ

棘の毒でよく知られているのは**ゴンズイ**や**カサゴ**の背びれ、エイのシッポの付け根などです。暖かい地方で突堤(とってい)釣りをすると、赤くて小さいハオコゼがよく釣れます。しかし、これが危ない。針を外そうとするとき、ハオコゼの背びれで指先を刺されたりします。この痛みは刺された指先から腕の方へと、毒が徐々に移動するのがわかり不気味です。といっても、腕に達したあたりで移動は収まるようですが、それでも痛みは残ります。

図 1-2-1●ゴンズイ、カサゴの棘の部分

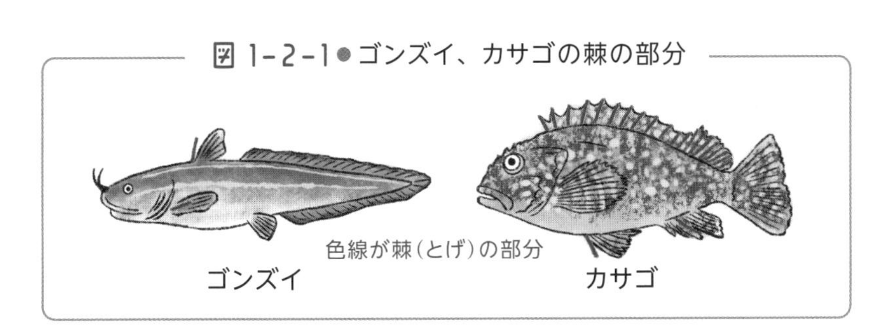

ゴンズイ、カサゴ、エイは棘を切り落とせば残りの部分はおいしく食べることができます。

●身にあるフグの毒

身に毒のある「危険魚」の代表は**フグ**でしょう。実は、フグには毒のある種類と、ドクのない種類があります。シロサバフグは無毒とされていますが、ドクサバフグは全身毒だらけです。しかも両者の区別は漁師でも難しいといいますから、超危険です。

トラフグはフグの中でも一番おいしいといわれていますが、その毒は全身ではなく、血液、肝臓、卵巣に局在しています。それらの部分を除けば他の部分はおいしく食べることができます。

しかし、有毒の部分を除くのは素人では無理なので、職人がさばいたフグを買うとか、専門店で食べるのが無難です。飲食店が客にフグを提供する場合には、もちろん免許が必要です。しかし、その免許を取る場合、実技試験を課すかどうかは県などが定める条例によりますので、県によっては実技試験なしに免許を出しているところもあるようです。

フグの毒は**テトロドトキシン**といいますが、フグ自身が体内でつくるわけではなく、餌の中に入っている毒をフグが溜めこんだものです。そのため、「養殖フグに毒はない」といわれるわけですが、本当でしょうか。

フグは毒をつくる微生物を体内で飼育することができるようで、その微生物は他のフグに移動することもあるといいます。ですから、養殖フグだといっても注意は必要かもしれません。

フグの卵巣は猛毒ですが、能登半島ではその卵巣を食用にします。

1年ほど塩漬けにした後に塩出しをし、その後さらに1年ほどかけて糠(ぬか)で漬け込みます。これは保健所の許可を得て一般に市販もされています。金沢に行ったら試してみるのも一興です。

図 1-2-2 ● 金沢のフグの卵巣糠(ぬか)漬け

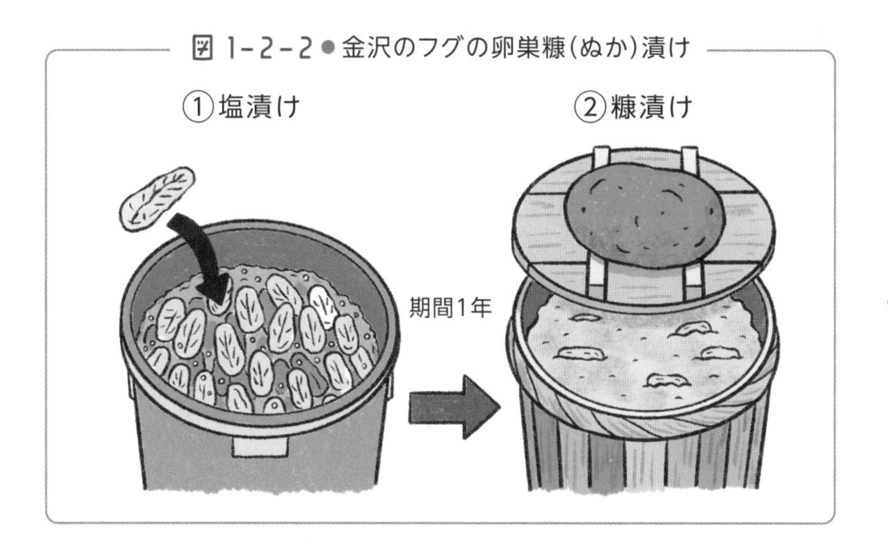

●サンゴ礁の毒

南のサンゴ礁に棲息する**スナギンチャク**は**パリトキシン**という猛毒を分泌します。この海域の魚の中には、パリトキシンを体内に溜めこむ危険な魚がいます。

最近、海洋温暖化のせいで日本近海の魚の中にもこの毒を溜めこんでいる魚が出ているようです。驚くことに、磯釣りで有名なイシダイもその1つです。まだ、イシダイで命を落とした例はありませんが、当たると筋肉痛が数か月続くそうです。

また、食べることはないでしょうが、**ヒョウモンダコ**という小型のタコはフグと同じ毒をもっており、噛まれたり、食べたりして毒が体内に入ると中毒を起こしますから、要注意です。

1-3

神経伝達が遮断される

―― フグ毒のしくみと解毒

フグ毒はどのようにして人の命を奪うのでしょうか。フグ毒は一般に**神経毒**といわれ、神経伝達機構を変調して、人の筋肉運動を誤らせるのです。

●神経伝達

次の図1－3－1は神経細胞の図です。

図 1-3-1● 神経細胞の構造

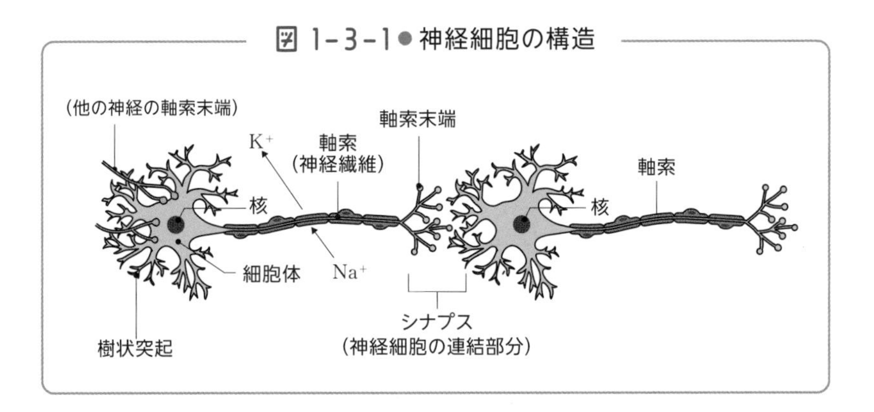

神経情報は脳と筋肉の間を1個の神経細胞で繋ぐのではなく、何個もの細胞でリレーします。図は2個分の部分図です。1個の完全細胞は、**細胞体**（細胞核をもつ）と**軸索**（じくさく）の2つからできています。細胞体には植物の根のような樹状突起、軸索の端には同じく根のよ

うな軸索末端がついています。樹状突起と軸索末端は絡み合うようにして**シナプス**をつくっています。

脳から出た**神経情報は「細胞体、軸索、軸索末端、シナプス」を通って次の神経細胞に送られる**ことになります。

この神経情報は2通りの方法で送られます。まず、軸索での伝達は電圧変化です。これは「電話連絡」に相当します。しかし、シナプスでは細胞は分断され、電話線は通じていません。この間は「手紙連絡」になります。これが**神経伝達物質**という分子です。軸索末端から分泌された神経伝達物質が次の細胞の樹状突起に届くと、情報が伝達されます。

軸索内での情報伝達は、ナトリウムイオンNa^+とカリウムイオンK^+の出入りによって行なわれます。この出入りによって軸索の細胞膜を挟んだ膜電位が変化するのです。ふだんの神経細胞では、図1−3−2のように細胞内にはK^+が多く、細胞外にはNa^+が多くなっています。

図 1-3-2 ● ふだんの神経細胞

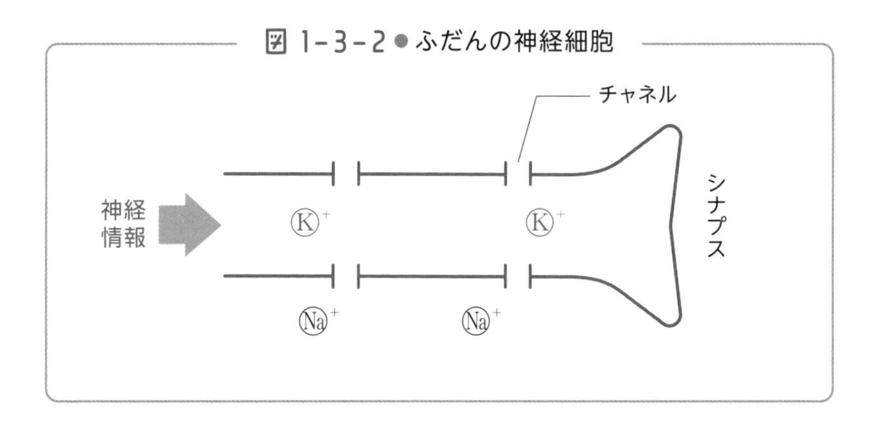

しかし、いったん神経情報が届くと、軸索に空いた穴（**チャネル**）が開いてK^+が外に出て、K^+の代わりにNa^+が中に入ってきます。

図 1-3-3 ● 情報が届いたときの神経細胞

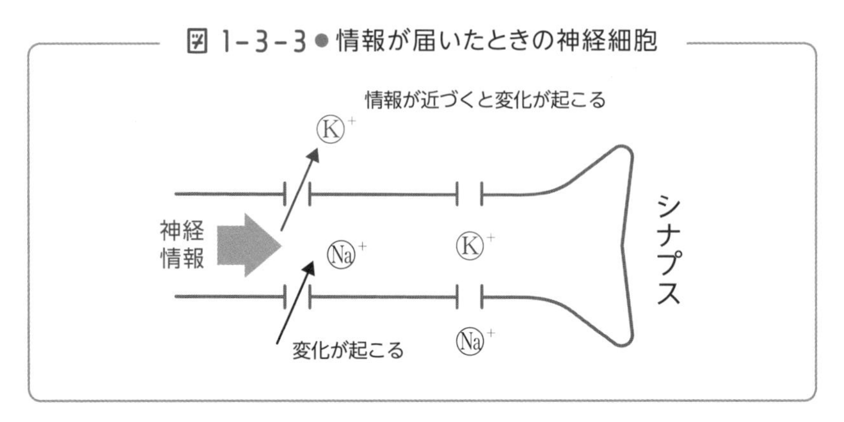

そして情報が通り過ぎると、今度はK^+が中に戻り、Na^+が外に出て元の状態に戻ります。

図 1-3-4 ● 情報が通り過ぎたときの神経細胞

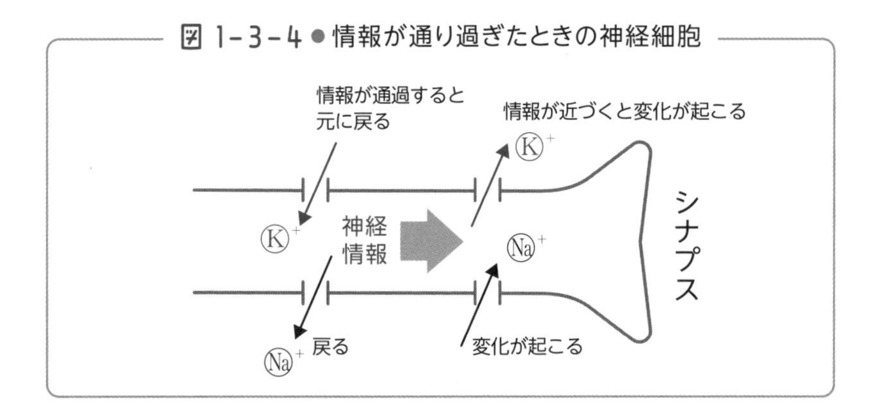

●フグ毒の影響と解毒作用

この神経伝達のしくみがわかれば、フグ毒（テトロドトキシン）で命を落とすしくみもわかります。というのは、テトロドトキシンはナトリウムイオン、カリウムイオンの出入り口に蓋(ふた)をする作用があるからです。蓋をされると、神経細胞は情報を伝達できなくなり、結果として筋肉は緊張できなくなります。このため内臓は適正な動きができなくなり、生体は命を失うことになるというわけです。

図 1-3-5 ● フグ毒による阻害

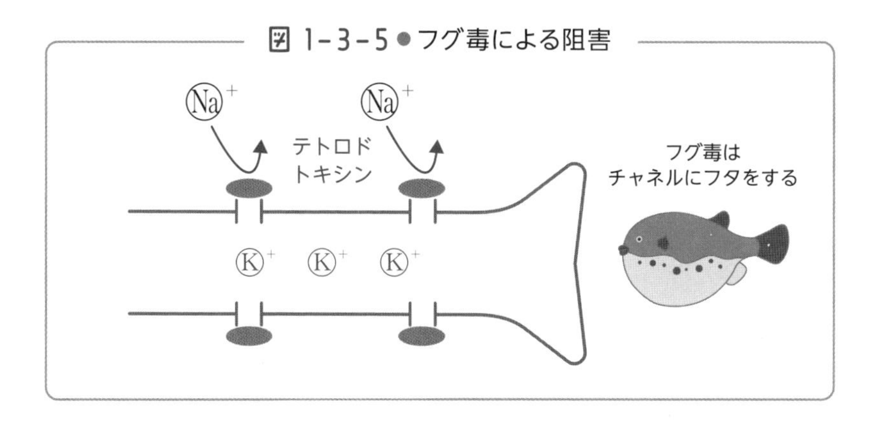

ところが、同じく猛毒で知られたトリカブトのアコニチンは、フグ毒とは逆の作用をします。つまり、この出入口を開きっぱなしにするのです。これでも神経情報は伝達できなくなりますから、生体は命を失います。

では、両方の毒を同時に飲んだらどうなるのでしょうか。結論をいうと、両方の毒同士が打ち消し合い、しばらくは均衡状態を保って生きていることができますが、最終的には残った毒のほうの力で命を落とすことになるのです。

 美しい食器には毒がある？

—— 危険な鉛食器、クリスタル

食卓を美しく飾ってくれるのが各種の「食器」です。最近は食器洗い機のおかげで絵のない真っ白な食器が流行っていますが、伝統的な食器は洋の東西を問わず、色とりどり、金彩・銀彩で飾られた食器です。このような美しくきらびやかな食器に危険な物があるというのです。

●鉛の毒

鉛は蒼灰色(あおはいいろ)の軟らかく重い金属です。昔から、ハンダ、散弾銃の弾丸、釣りの重りなどとして身のまわりにあった金属です。しかし、鉛は有毒な金属です。そのためハンダは鉛フリーのハンダが開発され、EU向けの輸出家電製品には鉛ハンダの使用は禁止されています。

最近は野生動物にまで鉛中毒が発生しているといいます。それは散弾銃のせいです。散弾で撃たれた野獣の死骸が回収されないまま放置され、鉛で汚染されたその獣肉を食べた野獣が鉛中毒になるというのです。

釣り場の海底には、重りとして使用された鉛がゴロゴロしています。そのような場所の小魚も鉛で汚染されているかもしれません。

図 1-4-1●鉛毒が自然界に残存する

鉛の毒は神経毒です。ローマ時代のワインは酸っぱかったといわれます。その酸っぱさはワインに含まれる酒石酸によるものです。この酒石酸と鉛が化合した酒石酸鉛は甘い物質です。そこでローマ人はワインを鉛の鍋で温め、ホットワインとして飲みました。

このワインをたいそう好んだのがローマ帝国の第5代皇帝ネロ（37 ~ 68）だったといいます。聡明なネロが、後に蛮行を尽くすようになったのは鉛中毒のせいだという説もあります。

またヨーロッパでは近世までワインに白粉（おしろい）を振って飲む習慣がありました。当時の白粉は炭酸鉛$Pb(CO_3)_2$です。このワインを好んだのがベートーベン（1770 ~ 1827）であり、彼の耳が悪くなったのは鉛のためという説もあります。

●鉛釉薬による陶磁器

最近問題になっているのは鉛釉薬(ゆうやく)を使った陶磁器です。釉薬というのは陶磁器の上掛けに使うガラスのように透明な顔料のことをいいます。釉薬は一種のガラスですから発色にはコバルトや鉄、銅などの金属を使いますが、鉛を使うと低い焼成温度で融けてコストの節約になるだけでなく、発色も鮮やかになるメリットがあります。

図1-4-2●釉薬の種類と色の違い

名称	色	成分	特徴
コバルト釉	青	酸化コバルト	濃く深いコバルトブルー
青磁釉	青、緑	酸化鉄	還元焼成で青、緑を発色
黄瀬戸釉(きぜとゆう)	黄、茶	灰、微量の鉄	しぶい黄色
鉄釉	茶、黒	酸化鉄	鉄の分量で色の違いが出る
灰釉(はいゆう)	薄緑、薄青	植物の灰	不純物で色調が変わる
織部釉	緑、赤	酸化銅	古田織部が好んだとされる
呉須釉(ごすゆう)	青	呉須、コバルト	呉須は焼き物の染め付けに不可欠の釉
瑠璃釉	藍	コバルト、呉須	磁器に用いることが多い
飴釉	飴(あめ)色(褐色)	鉄、マンガン	鉄釉の一種
マット釉	黒、白	マグネサイト	つや消し、マット感をもつ

このため、派手な発色を使う物、あるいは安価な輸入陶磁器などによく使われます。日本製でも使う場合がありますが、多くは食器ではなく飾り物用の陶磁器に使うといいます。このような陶磁器を食器に使い、酢の物のような酸性食品を長く盛っておくと、食器か

ら鉛が溶け出す恐れがあるといいます。

また、抹茶用の茶碗に「楽焼（らくやき）」といわれる厚手でボタッとした感じの茶碗があります。これは室町末期の発明で、その時代から鉛釉薬が用いられていたようです。

●クリスタルグラス

ガラスの一種に、鋭い輝きをもつ**クリスタルグラス**という種類があります。クリスタルグラスには、カリグラスと重い鉛グラスがあります。鉛グラスには、重さの25～35％ほどの酸化鉛PbO_2が含まれています。

鉛入りのクリスタルグラスは美しいだけでなく、軟らかいため、カットするのも容易です。そのため、カットグラスの多くは鉛入りのクリスタルグラスでできています。

しかし、これに酸性の液体を長時間入れておくと、液体内に鉛が浸出する恐れがあります。たまにワイン（酸性）を飲むくらいであれば問題はないでしょうが、高級ブランデーのクリスタルグラス製の空き瓶や、クリスタルグラス製のデキャンターに梅酒など酸性の強いリキュールを何年も保存するのは避けておいたほうがよいかもしれません。

最近は鉛の代わりにランタンLnなどを入れた鉛フリーのクリスタルグラスも出ているようですが、まだ一般的ではないようです。

砂糖に代わる食品添加物

―― 人工甘味料

市販食品には非常に多くの添加物が入っています。

①食品の味……人工甘味料、人工調味料、人工香料

②口当たり……増粘剤、乳化剤

③見た目（色）……漂白剤、人工色素

④品質保持……酸化防止剤、乾燥剤

⑤細菌・ウイルスの抑制……防腐剤

上記の添加物の中でも、この節では①の「人工甘味料」を見ていくことにしますが、人工甘味料と比較する意味でも、その前に「天然甘味料」についておさらいしておくことにしましょう。

●天然甘味料

「ネコは甘味を感じない」といいますが､私たち人間にとって「甘味」を味わうことは至福のひとときであり、平和と幸福の時間です。この「天然甘味料」にもいろいろな種類があります。

❶野生の甘味料「ハチミツ」「あめ」

人間にとってありがたい甘味料ですが、砂糖が現在のようには入手できなかった時代、人間はどのようにして甘味を享受していたの

でしょうか。砂糖がないからといって心配することはありません。なぜなら自然界には砂糖以外にも甘い物はたくさんあるからです。

まず「**ハチミツ**」です。これは砂糖と同じくらい甘いものです。また、「植物」にも甘い物はたくさんあります。たとえば、カエデの樹液を煮詰めたメープルシロップは砂糖以上に風味のある甘味料ですし、麦や米からつくる飴も大変に甘い食物です。

平安時代の貴族、清少納言は「あてな（おいしく優れた）物」として「新しい金属のカップに入れた氷にアマヅラを掛けた物」といっています。アマヅラとは蔦の樹液を煮詰めたシロップのことだそうです。氷はもちろん冬の間に氷室に溜めて貯蔵しておいた雪です。みぞれのかき氷版は平安時代からあったのです。

❷サトウキビ（砂糖）の発見

現代人にとって甘味といえば「**砂糖**」ですが､現代の砂糖（学名：ショ糖）の大部分はサトウキビから抽出されます。

図1−5−1 サトウキビの収穫

資料出所：Mette Nielsen

サトウキビの発見は紀元前8000年頃のことで、ニューギニアの近辺でその存在が知られていたといいます。その後、紀元前327年頃にインドへ遠征したアレクサンダー大王（BC356～BC323）がインダス川流域でサトウキビを発見したことから、最初に砂糖をつくったのはインドとされています。

こうして砂糖はインドからエジプト、アフリカに伝わり、さらに十字軍の遠征によってヨーロッパ各地に広がったといわれています。一方、インドからシルクロードに乗って中国へ伝わった後、日本に伝わったのは8世紀の奈良時代だそうです。

砂糖は植物がつくった炭水化物であり、米（デンプン）や食物繊維（セルロース）の仲間です。デンプンやセルロースは天然高分子化合物（分子量が1万以上を高分子、それより小さい場合を低分子という）と呼ばれます。これはポリエチレンやナイロンと同じように、簡単な構造の小さい分子である単位分子が何百個、時には何千個も結合した長い分子であり、鎖のような分子です。

図 1-5-2 ● 高分子とは「単位分子」の多数集まったもの

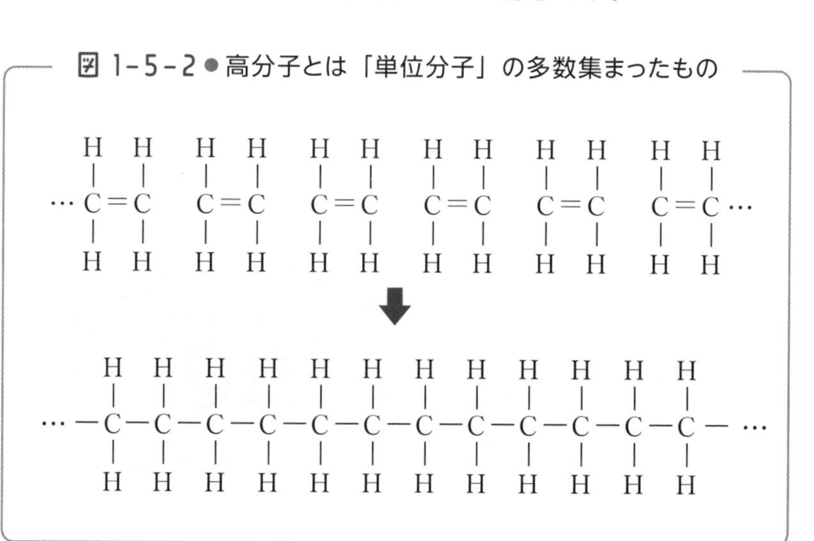

デンプンやセルロースの単位分子はブドウ糖と呼ばれる「**単糖類**」であり、たくさんの単糖類が結合しているので「**多糖類**」と呼ばれます。それに対して砂糖は2種類の単糖類（ブドウ糖と果糖）が結合した物なので**二糖類**と呼ばれます。

図1-5-3●砂糖は「ブドウ糖と果糖」が結合したもの（二糖類）

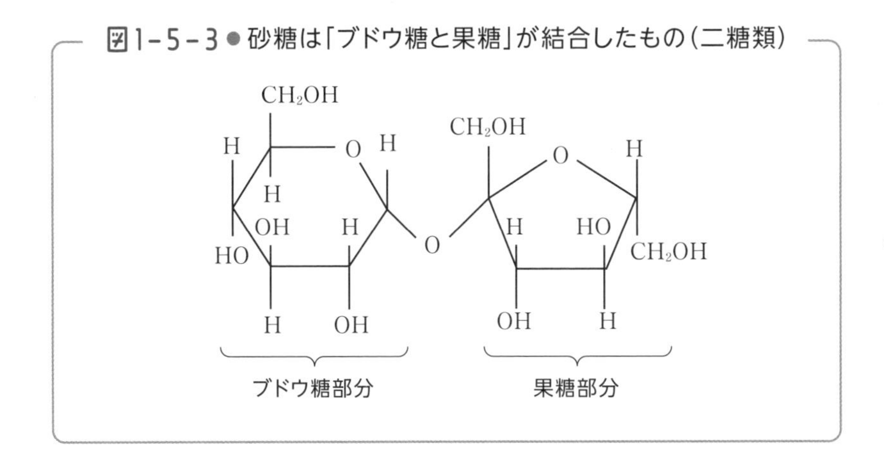

●人口甘味料

さて、いよいよ人工甘味料の話です。「**人工甘味料**」とは、自然界にある天然甘味料に対し、人間が化学的につくり出した甘味料のことです。これは天然の甘味料を模倣したものではありません。それだけに**「なぜ、人工甘味料が甘いのか？」という機構はいまだによくわかっていません**。その意味で「人工甘味料は不思議な化合物群」といえそうです。

❶サッカリン（甘さ：砂糖の200〜700倍）

サッカリンは1878年に合成されたもので、人類が初めてつくり出した人工の甘味料でした。砂糖の数百倍も甘味が強く、しかも安かったこと、さらに商用化されてまもなく第一次世界大戦が起こり甘味料が少なかったこともあり、サッカリンは時代の寵児となりました。

ところが、サッカリンに発がん性が疑われ、1977年には使用禁止となりました。しかし、1991年にこの疑いも晴れ、現在は糖尿病患者やダイエット志向者のための低カロリー甘味料として使用されています。

❷ズルチン（甘味：砂糖の300倍）

ズルチンは1884年に合成されましたが、サッカリンと違って苦味がなく、幼児がたくさん舐めすぎる事故が多発しました。**ズルチンには明らかな毒性**があり、多量に摂取すると肝機能障害を起こし、それが元で死亡事故が多発したこともあって、1969年には使用禁止となりました。

❸チクロ（甘味：砂糖の30～50倍）

チクロの味は砂糖に似ていますが、1989年に発がん性が指摘され、使用禁止とされました。しかしその後、サッカリンと同様に疑いは晴れ、現在では中国、カナダ、EUなどでは使用が認められていますが、アメリカ、日本では認められていません。

❹アスパルテーム（甘味：砂糖の200倍）

天然の甘味料が糖類に多いのに対し、アスパルテームはタンパク質の単位分子であるアミノ酸が2個結合したものであることから、「糖類ではなくタンパク質の仲間にも甘いものがある」ということで学界でも注目されました。人工甘味料のアセスルファムKと併用すると砂糖に似た味になることから、両者は清涼飲料水などによく使われています。

しかし、フェニルケトン尿症の患者にはアスパルテームは毒物として働きますので注意が必要です。

❺アセスルファムK（甘味：砂糖の200倍）

これはすっきりした甘味ですが、高濃度では苦味も感じられるといいます。アスパルテームと併用すると砂糖に似た味がするというので、多くの清涼飲料水に併用されています。

❻スクラロース（砂糖の600倍）

「スクラロース」という名前は、砂糖（ショ糖）の学名（スクロース）によく似ています。実際、スクラロースは1976年に砂糖（スクロース）からつくられたもの（化学修飾）で、当然ながら両者の構造式もよく似ています。つまり砂糖分子に8個あるOH原子団（ヒドロキシ基）のうち3個が塩素Clに置き換わった有機塩素化合物なのです。

図1-5-4 ● 砂糖のOH基3つをClに変えたのがスクラロース

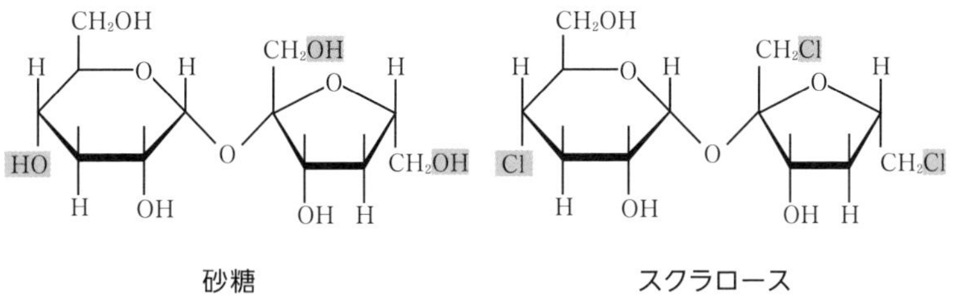

そのため、溶媒のない状態で138℃以上に加熱すると有毒な塩素 Cl_2 を発生すること、ダイオキシン、PCB、DDTなど有機塩素化合物には有害物質が多いことなどから、スクラロースの安全性に疑問を挟む声もあります。

スクラロースそのものは市販されず、清涼飲料水の製品として市販されているだけです。

図1-5-5●主な人工甘味料と砂糖との比較

	甘さ（砂糖比）	カロリー	発見（発明）	説明
砂糖	1	4 kcal	紀元前300年頃	アレクサンダーの東征
サッカリン	200～700	0 kcal	1878年	最初の人工甘味料
ズルチン	300	0 kcal	1937年	毒性。輸入食品に使用例がある
チクロ	30～50	0 kcal	1937年	日本では認められていない
アスパルテーム	200	4 kcal	1965年	フェニルケトン尿症の患者は要注意
アセスルファムK	200	0 kcal	1967年	清涼飲料水に使用
スクラロース	600	0 kcal	1976年	砂糖分子に似た構造

※0kcal：日本では100g（液体なら100mL）あたり5kcal以下の場合は「ノンカロリー」と表示される

都市ガスの成分が変わった理由、強力なプロパンガス

―― 都市ガス、プロパンガス

キッチンでは食材を調理するために「加熱」という処理をします。そのために必要になるのが「燃料」です。日本の場合、一般家庭に送られてくるのは「**都市ガス**」と呼ばれる可燃性ガスです。

●昔の都市ガスは「毒ガス」だった？

以前、都市ガスは水成ガスと呼ばれていました。水成ガスは熱した石炭に水を掛けてつくられる気体のことで、一酸化炭素COと水素ガスH_2の混合物でした。

$$C + H_2O \rightarrow CO + H_2$$

$$2CO + O_2 \rightarrow 2CO_2 + 熱$$

$$2H_2 + O_2 \rightarrow 2H_2O + 熱$$

COはさらに燃えて二酸化炭素CO_2となり、水素は燃えて水H_2Oとなりますが、その際、いずれも大量の熱を発生し、その熱が燃料として役に立つのです。

難点は毒性でした。一酸化炭素は誰もが知っているとおり、猛毒のガスです。毒物にはいろいろの効き方、効果がありますが、一酸化炭素は同じく猛毒といわれる青酸カリ（正式名シアン化カリウム）

KCNなどと同じ**呼吸毒**です。

呼吸毒は人に呼吸をできなくさせて死に至らしめる毒物ですが、この場合、「呼吸」といっても息を吸ったり吐いたりという筋肉運動をいうのではありません。細胞に酸素を届ける化学操作のことをいいます。

通常、胸筋運動によって肺に吸い込まれた酸素は、赤血球中の**ヘモグロビン**という酸素運搬タンパク質に結合し、血流に乗って細胞まで運ばれ、そこで酸素を細胞に渡します。

空身（からみ）となったヘモグロビンはまた血流に乗って肺に戻り、再び酸素と結合して細胞まで移動します。このようにしてヘモグロビンは宅配便のように酸素を繰り返し運搬します。

ところが一酸化炭素COや、青酸カリから発生した青酸ガス（正式名シアン化水素）HCNなどは、酸素よりもヘモグロビンと結合する力が強く（250倍）、いったん結合すると二度と離れようとしません。これでは**ヘモグロビンは酸素を細胞に渡すことができなくなり**、その結果、細胞は酸素不足になって死んでしまうのです。これが呼吸毒のメカニズムです。

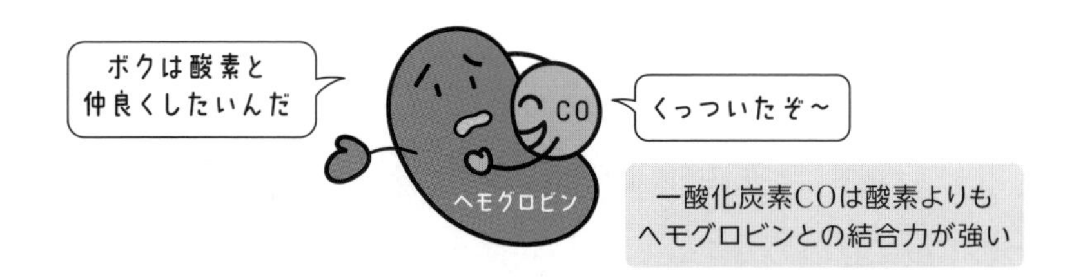

このような意味で、水成ガスは大変に危険であり、当時の自殺の手段として睡眠薬と並んで多用されるほどでした。

●現在の都市ガスは何が変わった？

では、現在の都市ガスはどうかというと、その多くは**天然ガス**です。**天然ガスの主成分はメタンCH_4**です。メタンは本来、常温常圧では無色無臭の気体です。しかし、**都市ガスとして供給する場合にはガス漏れを感知できるように、わざと臭いをつけてある**のです。サスペンスドラマなどで、よく刑事役の人が「ガスの臭いがする」といったりしますが、都市ガスの場合、それは危険注意の意味でつけたものにすぎません。

メタンは常圧（1気圧）での沸点が－162℃と低いため、20世紀中頃の技術ではメタンを液化したまま安定的に貯蔵・運搬することが難しく、そのためこれを利用できるのは産地からパイプラインで輸送（気体のまま）できる地域に限られていました。しかし現在では天然ガスを液化して船で大量輸送されるようになっています。それが**液化天然ガス**（**LNG**）です。

なお、メタンの分子量CH_4は16であって、空気の平均分子量28.8より小さいため（空気に対するメタンの比重は0.555）、メタンは空気より軽いことになります。そのため、もしメタンが室内で漏れると、空気よりも軽いメタンは室内の天井付近に溜まります。したがって、漏れたメタンを追い出すためには上方の窓を開けなければなりません。

メタンそのものには人に対する毒性はありませんが、高純度のメタンを吸入すれば酸素欠乏症になる可能性があり、注意することが必要です。

●空気より軽い都市ガス、重いプロパンガス

都市ガス（天然ガス／メタン）以外で燃料として有名なのが**プロパンガス**（LPガス）です。場所によってはメタンにプロパンC_3H_8を混ぜて「プロパンガス」として販売されていたり、あるいは団地やマンションによってはプロパンガスを都市ガスとして供給されているところもあります。

プロパンC_3H_8の分子量は44で、これは空気の平均分子量28.8より大きいといえます。つまり、プロパンは空気より1.5倍も重く、このためプロパンガスが室内で漏れると、そのガスは天井付近ではなく、床のほうに溜まります。そのため、漏れたプロパンガスを追い出すには上方の窓ではなく、下方の窓や雨戸を開けて箒（ほうき）などで掃き出さなければなりません。

図 1-6-1●都市ガスは天井付近に、LP ガスは下に溜まりやすい

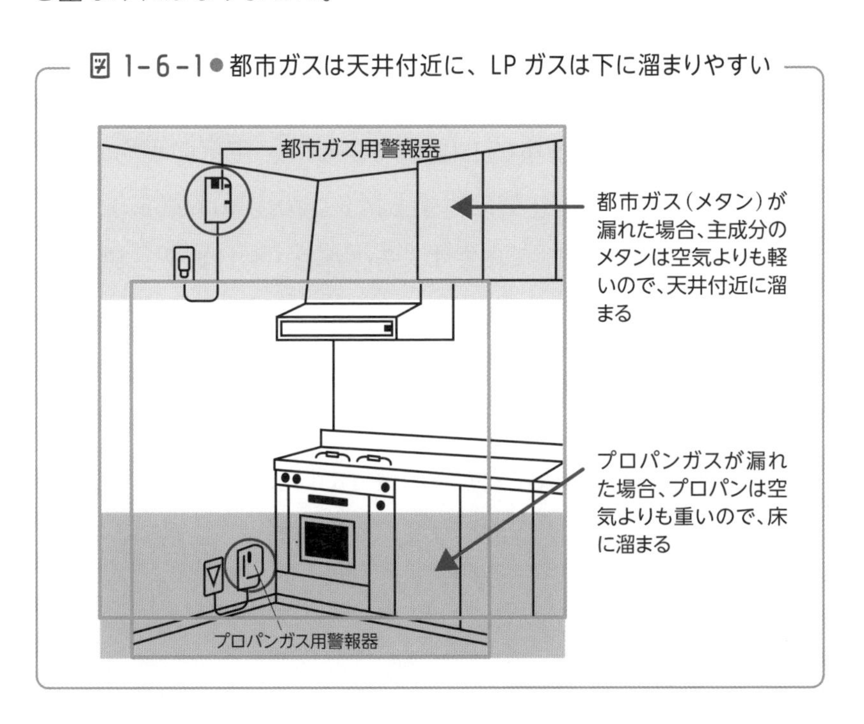

●プロパンガスはカロリーが大きい！

メタンCH_4とプロパンC_3H_8の分子式を見るとわかるように、プロパンのほうがメタンよりも、炭素数で3倍（CとC_3）、水素数で2倍（H_4とH_8）も多くなっています。これはプロパンのほうが燃料になるための炭素原子、水素原子が多いということです。

そのため、1立方メートルのメタンとプロパンが燃えたときに発生する熱量を比べると、メタンは約9700kcal、プロパンは約2万4000kcalと、**プロパンガスのほうが都市ガス（メタン）より2.5倍もカロリーがある**のです。

家庭にあるガスコンロもこのカロリーに対応して、メタン用とプロパン用の2種類が用意されています。もし、都市ガスの成分が違う地域に転居する際はガスレンジやホース（色が異なる）に注意する必要があります。

1-7 なぜ細菌やウイルスが中毒を起こすのか
―― 食中毒

食品で危険なのは**食中毒**です。食中毒には2種類あります。1つは先に見たように、食品の中にすでに存在している毒素による中毒であり、もう1つは無毒の食品に黴菌（バイキン）が繁殖して中毒を起こすものです。黴菌による中毒は、食品を分解・変質させ、有毒化するものです。通常、「食中毒」という場合は後者の黴菌によるものを指します。

●バイ菌とは――細菌とウイルス

黴菌の「黴」はカビなどを指すことばで、「菌」のほうはキノコなどの菌類のことを指します。ですから「黴菌」とは、カビやキノコなどの生命体を指すものです。しかしふつうに黴菌といった場合には健康を害する病源体のことをいい、その場合には生命体以外の物も含みます。なお、「黴菌」という字は見慣れないでしょうから、本書では「**バイ菌**」と書くことにします。

ところで、生命体とは何なのでしょうか。生命体とは次の3条件をすべて備えた物のことをいいます。

①自己複製できること

②代謝するしくみがあること

③細胞構造をもつこと

この条件から考えると、**細菌**はこの3条件を満足しますから生命体といえます。

では**ウイルス**はどうでしょうか。ウイルスはDNA、RNAなどの核酸を用いて自己増殖しますが、栄養分は宿主(しゅくしゅ)の栄養分をかすめ取ることしかできないので②を満たしていません。またウイルスは細胞膜をもたないので、③も満たしていません。

図 1-7-1●細菌は生命体だが、ウイルスは生命体ではない

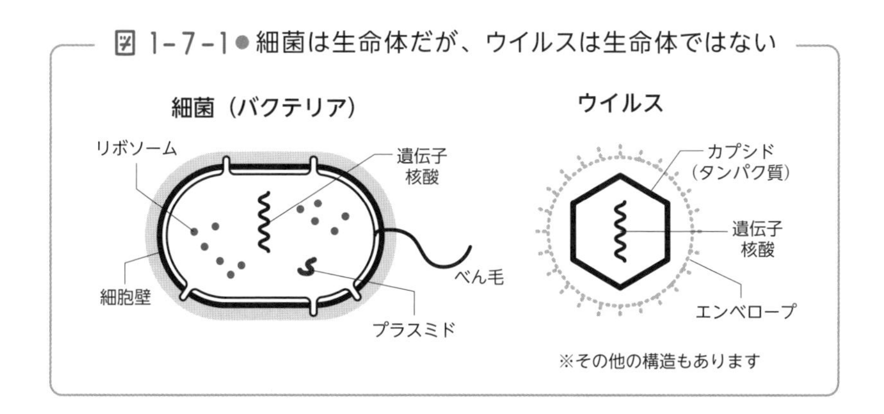

ウイルスはカプシードと呼ばれるタンパク質分子でできた容器の中に、遺伝を司る核酸のDNAやRNAを入れているだけです。したがって、ウイルスは一般に“バイ菌”、つまり“菌”とはいわれるものの、生命体とはいえません。

そして、ウイルスの「細胞膜をもたない」という特徴が、実は抗生物質が効かない原因となるのです。

●抗生物質が効くのは？

人間が細菌に対抗する手段としては**抗生物質**という特効薬があります。抗生物質とは細菌が分泌する化学物質のことで、他の細菌の

生存を阻害する物質です。「他の細菌の生存を阻害する」とは、言い換えると、**抗生物質は他の細菌の細胞壁を破壊して細菌を溶かす**（殺す）という意味です。

細菌の細胞は植物細胞とほぼ同じ構造をしています。動物の体は骨格によって支えられていますが、植物には骨格がありません。そのため、植物細胞は細胞膜の外側にセルロースでできた硬い細胞壁をもち、それで体を支えています。細菌も細胞壁をもっていますが、この細胞壁を壊されてしまうため、細菌は抗生物質に死滅させられるのです。

しかし、ウイルスは細胞壁はもちろん、細胞膜さえもっていません。ですから、ウイルスにとって抗生物質はなんら恐い存在ではないのです。

図 1-7-2● 動物（左）と植物（右）の細胞の違い

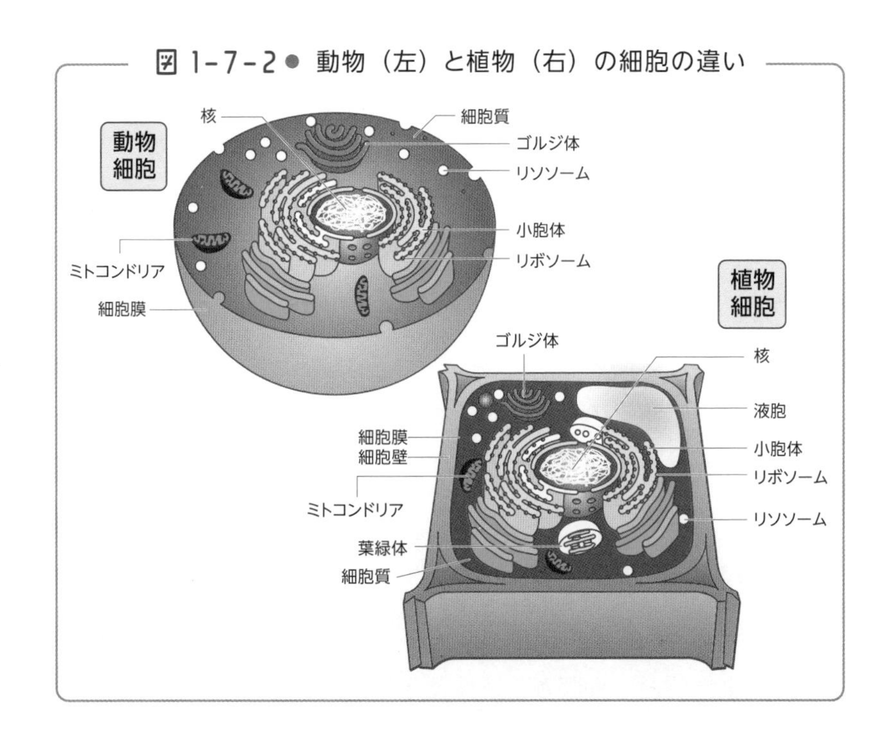

●食中毒を起こす細菌型・ウイルス型の病源体

次の表は食中毒を起こす代表的な病原体をあげたものです。病源体には細菌とウイルスがあります。

図1-7-3●細菌とウイルスの分類

種類		病因物質	感染源	原因となった食品等
細菌	感染型	サルモネラ菌	畜肉、鶏肉、鶏卵	卵加工品、食肉など
		腸炎ビブリオ菌	生鮮魚介類	刺身、すし、弁当など
		毒素型	豚肉、鶏肉	鶏肉、飲料水など
	生体内毒素型	病原大腸菌	人・動物の腸管	飲料水、サラダなど
	毒素型	ブドウ球菌	指先の化膿	シュークリーム、おにぎりなど
		ボツリヌス菌	土壌、動物の腸管、魚介類	自家製の瓶詰や缶詰
ウイルス		ノロウイルスなど	患者の糞便	貝類
		B型肝炎ウイルス	患者体液	患者
		E型肝炎ウイルス	経口感染	野生動物の肉

まず細菌ですが、これは次の3種に分けることができます。

①感染型細菌：細菌自体が食中毒の原因になる物

②生体内毒素型細菌：細菌が人間の体に入ってから毒素を出す物

③毒素型細菌：細菌が食品の中で毒素を出し、それが原因となる物

これら3種類の細菌の中でも、とくに病原性の高いものを説明していきましょう。

○サルモネラ菌（感染型）：サルモネラ菌は動物の腸内や下水などあらゆるところに存在し、人間の腸内で増殖すると中毒を起こしま

す。生卵に付着していることがあるので要注意です。

○病原大腸菌（生体内毒素型）：大腸菌は人間の大腸にも存在する、ごくありふれた菌のことです。いろいろな種類がありますが、毒性の強いベロ毒素を出すO－157がよく知られています。

○ボツリヌス菌（毒素型）：これは酸素のない場所で繁殖する嫌気性の猛毒細菌です。ボツリヌス菌は熱に強いため、繁殖力を失わせようとすると100℃で6時間の加熱が必要です。しかも、**芽胞**という休眠状態になるとさらに耐熱性が高くなり、120℃で4分以上の加熱が必要です。

1984年に熊本の名物料理であるカラシレンコンで起こったボツリヌス中毒は、お客が土産に買い求めて持ち帰ったため、患者が全国に広がり、36人のうち11人が亡くなるという大きな事件になりました。

一方、ウイルスにはノロウイルス、B型肝炎ウイルス、E型肝炎ウイルスなどがあります。最近のウイルス性食中毒の90%はノロウイルスによるものとされています。

免疫のしくみとアレルギー

―― 食品アレルギー

第4章で詳しく見ますが、私たちの体は外敵、つまり異物（**抗原**）から身を守るため、「**免役**」という機構をもっています。外部から花粉や病原体などの有害な異物が体内に侵入すると、それを攻撃し、排除しようとします。この役目は主に、白血球の中に入っている「**免疫細胞**」と呼ばれる細胞群によるものです。

●免役細胞の役割

ひとくちに「免疫細胞」といっても、次の図1－8－1を見るとわかるように多種類の免疫細胞があります。人間の免役細胞群を軍隊にたとえると、初歩的な下級兵士から戦術に長けた上級武官に至るまで何重にもわたって構築され、「さすが、人間のもつ防御機構！」と拍手をしたくなるほど複雑精巧にできています。

まず、異物（抗原）が体内に入ってくると、最下級兵士に相当する**食細胞**（**好中球、マクロファージ**）といった免疫細胞が出動し、異物を相手かまわず貪食（どんしょく）してしまいます。

次に**B細胞**が出動して異物（抗原）を詳細に観察し、手配書（抗体）をつくります。抗原には何種類もあり、それぞれに対応する手配書をつくるので、これには1週間から10日ほどかかります。

手配書ができたら、やって来た抗原に張り付けます。すると、それを見てゴルゴ13のような**キラーT細胞**が攻撃するというわけです。

図 1-8-1●免疫細胞の種類

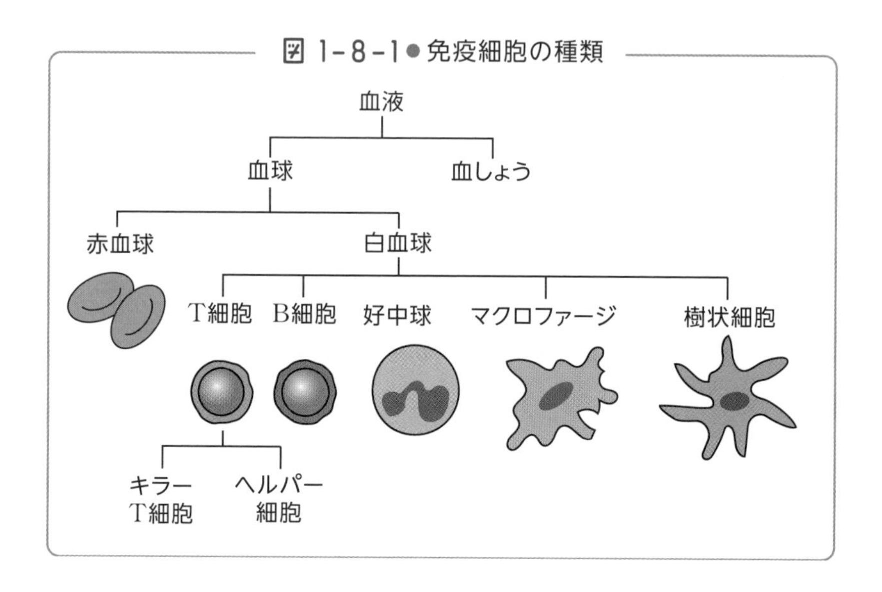

●アレルギー

免疫機構の優れたところは、一度つくった抗体の設計図をいつまでも残しておくということです。したがって、最初に設計図をつくるときには1週間や10日かかったとしても、次に同じ抗原が忍び込んだときは瞬時に抗原に対抗する「抗体」をつくり、それをもって抗原を攻撃し、キラーT細胞に攻撃を指図することができます。これが**アレルギー**です。

この状態が働き過ぎると、コソドロ程度の抗原に対して軍隊レベルの大掛かりな免疫細胞群が襲い掛かることになります。こうなったのでは、戦場になった患者が大変です。これが**アナフィラキシー・ショック**です。

おいしくて栄養になるはずの食品（小麦、そば、エビなど）が抗原とみなされ、命にかかわるほどの反応を起こしたのでは大変です。アレルギーのある人は、その食品は極力避けるように注意するだけでなく、万が一のときは、近くにいる人に**エピペン**（症状を一時的に緩和するための自己注射薬）を処置してもらえるように配慮しておくことが大切です。

きけんぶつのかがくの窓

酸性食品・塩基性食品

食品に関して気になる言葉があります。「酸性食品・塩基性食品」の違いです。まず、次の2つのクイズに答えてみてください。それぞれの食品は、酸性食品、塩基性食品、中性食品のどれでしょうか。

(1) 梅干やレモン

(2) 肉や魚

どうでしょうか。(1) の梅干しやレモンは酸っぱいですね。だから酸性食品かと思うと、実は梅干しもレモンも「塩基性食品」というのが答えです。

では、(2) の肉や魚はどうでしょうか。これらは酸っぱくも辛くもないですね。だから中性食品かと思うのですが、なんとこれは酸性食品なのです。いったい、どういうことなのでしょうか。

実は、食品の酸性・塩基性というのは、生の状態での酸性、塩基性のことではないのです。食品が燃焼して生じた生成物の水溶液が酸性か、塩基性か、中性かをいうのです。

●植物は塩基性食品

梅干しの大部分はセルロースとデンプンであり、炭素C、水素H、酸素Oからできています。これらの原子は燃焼すると二酸化炭素CO_2と水H_2Oになります。水は中性ですが、二酸化炭素は水に溶けると炭酸H_2CO_3という弱い酸になります。

それ以外に残るのは「**ミネラル**」と呼ばれる金属元素の酸化物であり、主なものは酸化ナトリウムNa_2O、酸化カリウムK_2Oなどです。これらは水に溶けるとそれぞれ水酸化ナトリウムNaOH、水酸化カリウムKOHという最強の塩基となります。

この結果、梅干しのような植物性食品が燃焼して生じた生成物の水溶液は「塩基性」となるのです。その証拠に植物を燃やしてできる灰を水に溶かした灰汁（あく）は塩基性物質の例として教科書でおなじみです。ですから植物は塩基性食品なのです。

●動物は酸性食品

動物性食品の主成分はタンパク質です。タンパク質は硫黄Sや窒素Nを含みます。これらは酸化されるとそれぞれ、硫黄酸化物SOx（ソックス）や窒素酸化物NOx（ノックス）となり、水に溶けてそれぞれ硫酸H_2SO_4、硝酸HNO_3などの強酸となります。そのため、動物性食品は酸性食品といわれるのです。

●危険性

酸性食品にも、塩基性食品にも、危険性はありません。しいていえば、どちらかに偏った食事は健康に悪いということはいえるでしょう。

一時、宣伝で使われたように、「酸性食品を食べると血液が酸性になり、塩基性食品を食べると塩基性になる」といったことはありません。生物の体液は緩衝液（かんしょうえき）という特殊な組成になっており、少々の酸や塩基を混ぜてもpHは変化しません。

要するに食品は好き嫌いをいわず、酸性食品と塩基性食品の両方を幅広く食べることが大切ということです。

第2章

バス・トイレ・洗面所の危険物

家庭用とクリーニング店用の違い

――洗剤の科学と問題

家庭内にはいろいろな仕事、労働があります。家族の健康管理、育児、家計などは家事の中でも大切な仕事ですが、その他にも炊事、掃除、洗濯といった、日々の生活で欠かせない労働がたくさんあります。その中で、洗濯で重要な役割を果たすのが「**洗剤**」と呼ばれる化学物質です。

●洗濯に使う洗剤

衣服の汚れには、汗のように水に溶ける水溶性（**親水性**）のものと、脂質のように水には溶けずに油に溶ける油溶性（**疎水性**）の2種類があります。

このような汚れを落とす作業には、洗濯とドライクリーニング（クリーニング）があります。洗濯の基本は汚れた衣服を水に浸け、水溶性の汚れを溶かし出す作業ですが、水を使うだけでは水溶性の汚れは落とせても、油溶性の汚れは落ちません。

そこで利用するのが洗剤（界面活性剤）です。洗剤は「**両親媒性**（りょうしんばいせい）**分子**」と呼ばれる分子でできています。両親媒性分子は1個の分子の中に「水になじむ親水性部分」と「油になじむ疎水性部分」の両方をもっている分子です。

セッケンで説明すれば（図2－1－1を参照）、$CH_3-CH_2\cdots CH_2-$と炭化水素（HC）がえんえんと並んでいる部分が「油に溶ける疎水性（油溶性）部分」です。これを疎水基ともいいます。

そして、図の右側にあるCOO^-Na^+（O^-とNa^+の－記号、＋記号は**イオン**を表わす）のように、イオンになっている部分が水に溶ける親水性（水溶性）部分です。これを親水基ともいいます。

図2-1-1●セッケンの疎水性部分（左）と親水性部分（右）

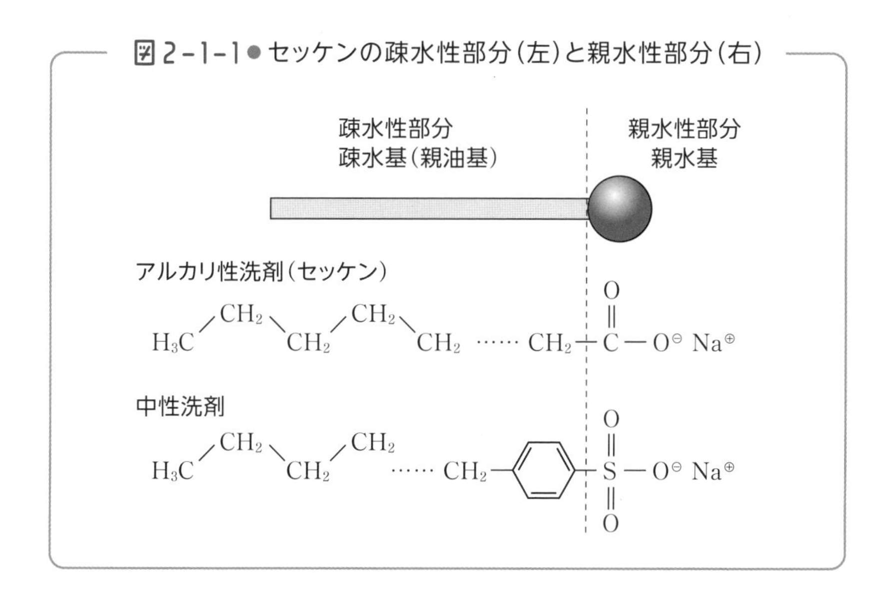

両親媒性分子を水に溶かすと、水の中で少し変わった形になります。まず、親水性部分（図2－1－1の右）が水中に入り、疎水性部分（図の左）は水を嫌って空気中に顔を出します。いわば、分子が「逆立ち」したような形で水面に並ぶのです。このような状態を**分子膜**といいます。

衣服を浸けた水に洗剤を加えると、洗剤の疎水性部分は油汚れに付着し、親水性部分は水に溶けます。この結果、洗剤分子は衣服と水の境界面に侵入し、やがて油汚れは洗剤の分子膜で包まれたような形になります。

この包みを見てみると、内部には油汚れが入っていますが、包みの表面には親水性部分が並んでいます。つまりこの包みは全体として水に溶ける性質なのです。こうして、この包みは内部に油汚れを包み込んだまま、全体として水中に潜り込み、油汚れが水に溶けてなくなるのです。これが洗濯で油汚れが落ちる原理です。

図2-1-2●油汚れが落ちるしくみ

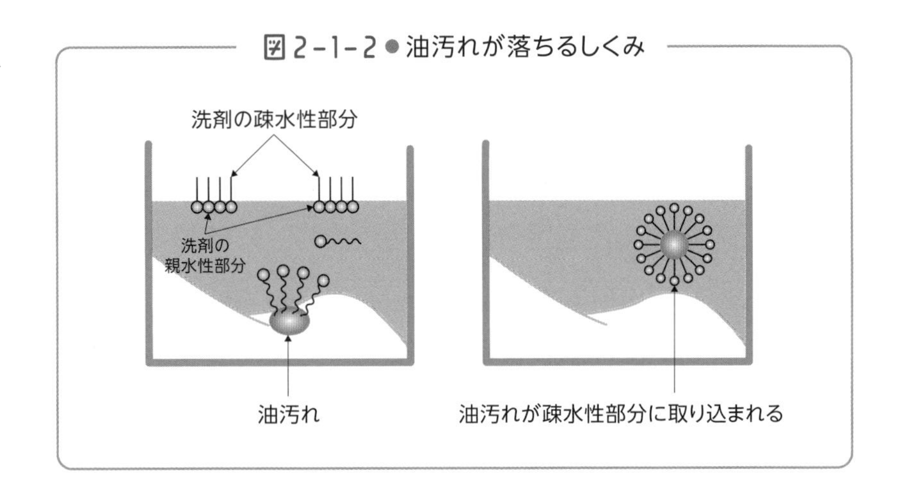

●洗剤の問題点

昔の洗剤はセッケンでした。セッケンは油脂を水酸化ナトリウムNaOHで加水分解してつくった脂肪酸ナトリウム塩と呼ばれるものでした。脂肪酸R－COOHというのは弱い酸で、もう1つのナトリウムイオンNa^+は強アルカリの水酸化ナトリウムNaOH由来です。セッケンはこの2つの反応でできるので、強いほうの性質が残って、性質はアルカリ性でした。

しかし、最近の洗剤は強酸の$R-SO_3H$と強塩基のNaOHからできた中性の洗剤であり、かつては硫黄SやリンPも含んでいました。

このような元素、とくにリンは植物の三大栄養素の1つであることから植物プランクトンの栄養源になり、赤潮などの海洋汚染、あるいは湖沼汚染の原因といわれました。このため、現在は洗剤にリンの使用は控えられています。

当然のことですが、**洗剤を使えば衣服の油汚れだけでなく、手の皮脂も洗い落とされてしまいます。肌荒れ**です。皮膚の弱い人は手袋をするとか、洗濯後はハンドクリームなどで手当てをすることが必要になるでしょう。

●ドライクリーニングで使われる溶剤

家庭での洗濯は水を使うのに対し、クリーニング店では**有機溶剤**（ドライ溶剤）を使います。**「有機溶剤」とは、他の物質を溶かす（汚れを落とす）性質をもった有機化合物のこと**です。洗浄、塗装などさまざまな場で使われています。

クリーニング店では有機溶剤を使うことで、衣服の油汚れは有機溶剤に溶け出し、落ちます。ただし水溶性の汚れは落ちません。ドライクリーニングで水溶性の汚れを落とすには、洗剤を使えば家庭での洗濯と逆の原理が働いて、汚れは（上の分子膜が裏返しになった状態で）分子膜に包まれ、有機溶剤に溶けていきます。

図2-1-3●

水に溶ける汚れは「逆向き」で落とす

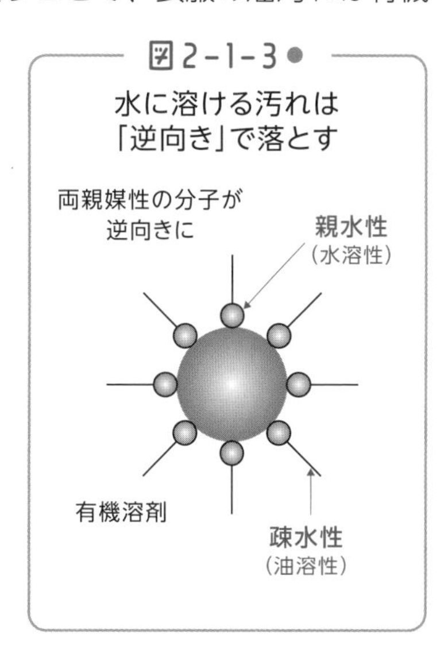

●有機溶剤の3種類

一般にクリーニングに使う有機溶剤には次の3種類があります。

○パークロロエチレン（テトラクロロエチレン等）

パーには「たくさん」の意味があり、クロロは「塩素」の意味で、最後のエチレンは$H_2C=CH_2$です。つまり、エチレンの4個の水素のうち、3個ないし4個が塩素Clに置き換わった分子が**パークロロエチレン**です。

パークロロエチレンは環境汚染物質のDDT、PCB、ダイオキシンなどと同じ有機塩素化合物の仲間です。他の溶剤に比べて汚れを落とす効果が高く、しかも洗浄や乾燥時間が短いのが特徴です。このため、パークロロエチレンはドライクリーニングの主溶剤として使われていましたが、米国環境保護庁が有害指定物質に指定したことで、現在はほとんど使われていません。

○石油系溶剤

現在、多くのクリーニング店で使われているのが**石油系溶剤**です。油脂に対する溶解力が3種類の中で最も穏やかなため、石油系溶剤はデリケートな素材の衣類をクリーニングするときに利用します。

溶剤の中では「優しい溶剤」として活用されています。

○フッ素系溶剤

フッ素系溶剤の溶解力は二番目に小さいのですが、沸点が一番低いため、フッ素系溶剤は洗浄と乾燥時間が短いという特徴をもちます。ただし、フッ素系溶剤は種類によってはフロンガスと同様に、オゾン層破壊物質に指定されており、製造や使用が禁止されています。

オゾンホールは主に南極上空に空いたオゾン層の孔(あな)であり、この孔から有害な紫外線が侵入し、皮膚がんや白内障などの原因になるとされています。

●有機溶剤の再使用

クリーニング店で使われる溶剤の多くは、石油を原料としたもので、環境汚染の原因になります。そのため、日本では法律（水質汚濁防止法）によって、溶剤を下水管に流すことができません。

ではどうするかというと、一度使った溶材は、濾過(ろか)、吸着、蒸留など何段階かで浄化した後、リサイクルをして使い回しをし、最後に専用業者が回収して処理しています。有機溶剤は汚れを落とす効果が高いのですが、その後処理には手間がかかるのです。

二分子膜とシャボン玉

——界面活性剤のしくみと働き

身のまわりにある**界面活性剤**としては、前節で紹介した洗剤が代表選手ですが、界面活性剤は「油と水を溶け合わせる」という特殊な働きをします。

●界面活性剤の構造と性質

分子には砂糖のように水に溶ける親水性のものと、バターのように水に溶けない疎水性（親油性）のものがあります。ところが、1分子の中に親水性の部分と疎水性の部分を合わせもった分子もあり、それが界面活性剤であり、両親媒性分子でもあります。

●分子膜と球状のミセル

界面活性剤を水に溶かすと、親水性の部分は水中に入りますが、疎水性の部分は入りません。そのため、分子は逆立ちをした形で水面（界面）に並びます。濃度を上げると、界面活性剤は界面を覆い尽くします。

これは子供たちが朝礼で校庭に並んだ状態に似ています。ヘリコプターで上から見たら、子供たちの黒い頭が並んで、まるで海苔のような平面に見えるでしょう。そこで、このような分子集団のことを**分子膜**といいます。

図2-2-1●上から見ると「膜」のように見える分子膜

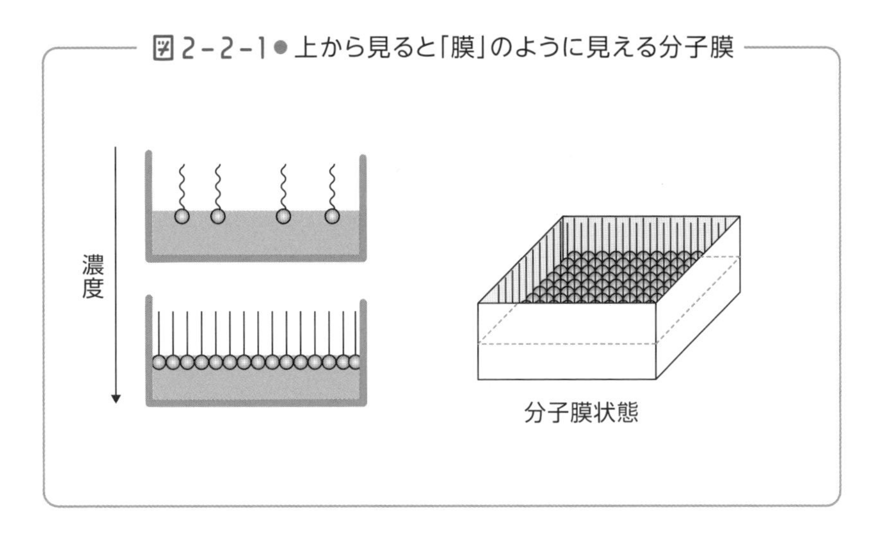

濃度をさらに上げると、界面に並びきれなくなった分子の一部は水中にもぐって集団をつくりはじめます。その際、疎水性部分を水に近づけないようにするため、分子たちは、疎水性部分を中心に向けた球形になろうとします。

このような袋状の球形分子集団のことを**ミセル**といいます。

図2-2-2●球形の分子膜「ミセル」

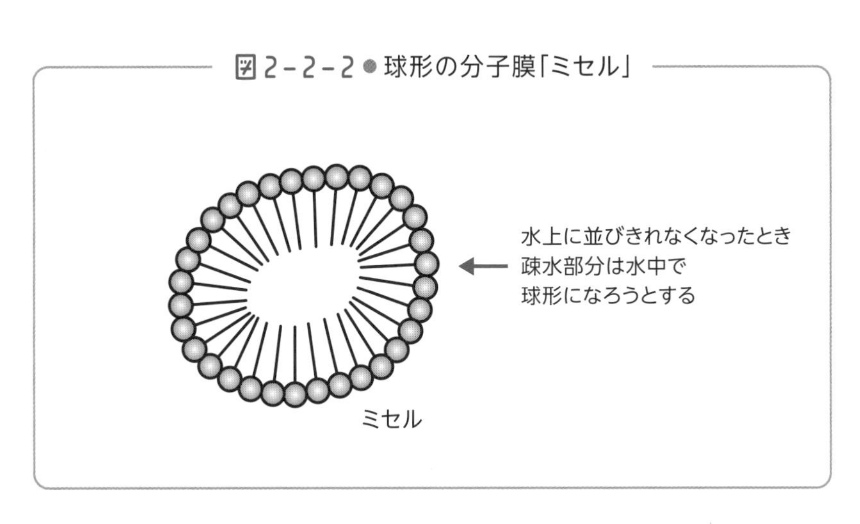

●二分子膜

分子膜は重なることもできます。そこで2枚の分子膜が重なったものを**二分子膜**と呼びます。そして、二分子膜の中でも、それが袋状になったものを**ベシクル**といいます。

図2-2-3●二分子膜の1つ「ベシクル」

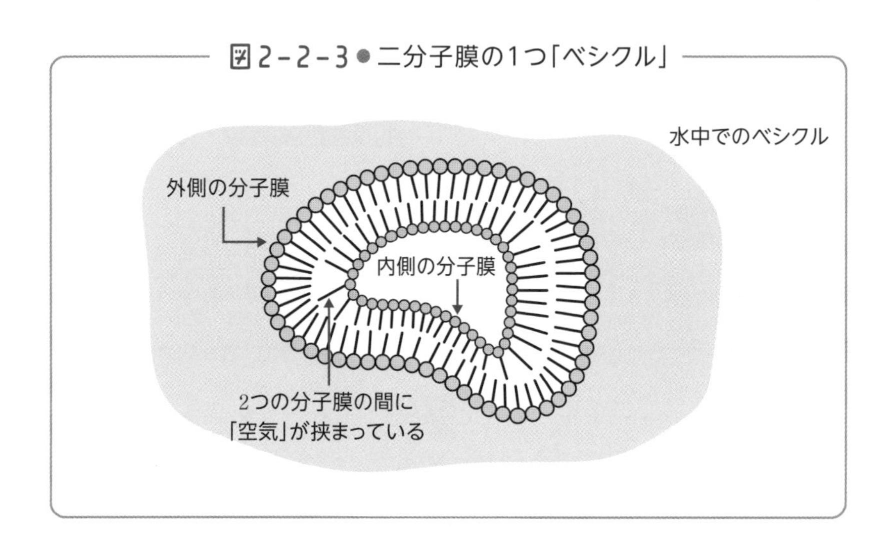

ベシクルとして身近なものはシャボン玉です。シャボン玉が水中に入るとき（水中シャボン玉）、疎水性部分はミセルと同様、中心に向けて球形になりますが、空気を含んだまま水中にもぐり込むため2枚の分子膜の間には「空気」が挟まっています。

ところが空気中のシャボン玉は逆で、親水性部分を中心に向けて球形になろうとするため、2枚の膜の合わせ目、つまり親水性部分には水分子が挟まっています。

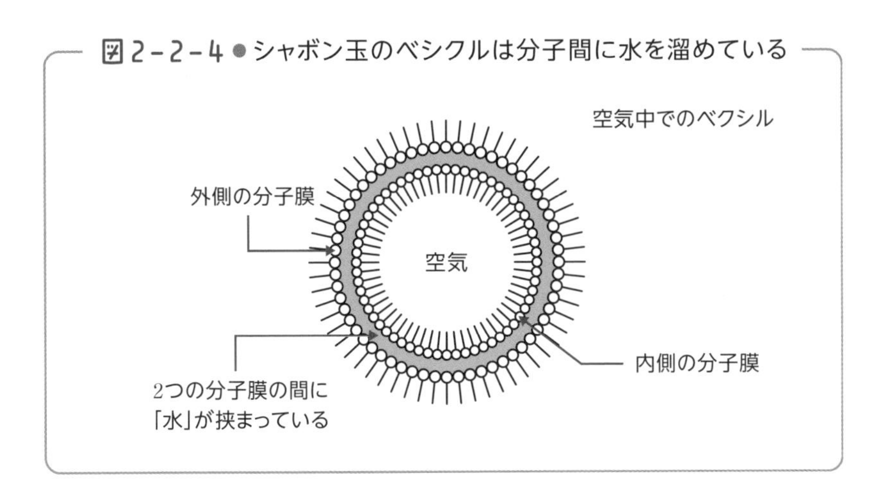

このように、小さな分子がたくさん集まって高度な構造体になったものを一般に「**超分子**」と呼んでいます。高分子もたくさんの小さな単位分子からできたものですが、高分子ではすべての単位分子が共有結合で結びついています。したがって、高分子を単位分子に分解することは容易ではありません。

しかし超分子では、単位分子は集まって互いの引力（分子間力）で引き合っているだけであり、直接、結合しているわけではありません。ですからシャボン玉は壊れるとそのまま、元のセッケン液に戻ってしまうのです。

●細胞膜

細胞膜も二分子膜です。ただし単位分子はリン脂質という、脂肪の仲間です。ですから、合わせ目の部分はシャボン玉とは違って疎水性部分です。その単位分子の間にタンパク質（酵素）などの分子が挟まっています。

このように分子はリン脂質の膜の中に挟まっているだけですから、

分子は自由に動き回ることができますし、細胞膜を出入りすることもできます。また、水のような小さな分子は、単位分子の隙間を縫って細胞内に出入りすることもできます。

図2-2-5●細胞膜は二分子膜の一種

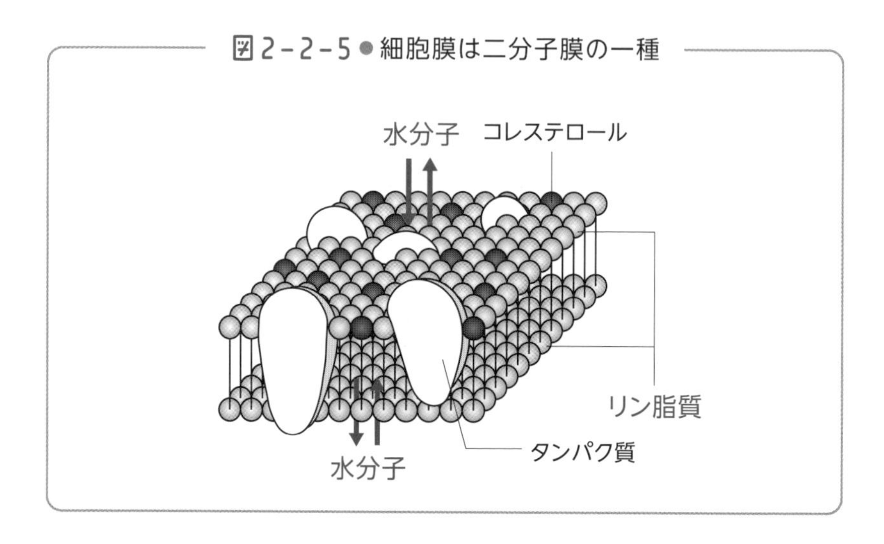

細胞膜にこのようなダイナミズムがあるからこそ、生命というダイナミズムが支えられているのでしょう。ちなみに生命体の条件は、細胞膜をもっていることでした（1章を参照）。ですから、細胞膜をもっていないウイルスは生命体とは認められていない、と説明しました。

界面活性剤も生命体に似た構造をもつ物質です。それだけに生体に思わぬ影響を及ぼす可能性もありますし、皮膚を通り抜けて体内に入り、肝臓に負担をかける可能性がある、との説もあります。最近では、病院の点滴液に病院で使う洗剤が混ぜられ、患者が亡くなる事件も発生しています。

洗剤は使いすぎないようにすることが、環境保全の面からも大切でしょう。

酸性とアルカリ性の汚れを落とすしくみ

──酸性洗剤、塩基性洗剤

●酸性の汚れにはアルカリ性を、アルカリ性の汚れには酸性を

最近では一般の方も環境問題に対して意識が高くなり、環境に悪い物、環境に負荷をかける物を避けようとの意識が高くなってきました。

家庭での汚れ落としにもそのような動きが現れ、最近ではできるだけ市販の汚れ落とし、食器用洗剤を避けようという運動が行なわれています。そのようなところでよく見るのが酸とアルカリです。

汚れには酸性の汚れとアルカリ性の汚れがあります。一般にキッチンの油汚れ、衣服の皮脂汚れ、体の汚れなどは酸性であり、水アカ、煙草のヤニ、トイレの尿石などはアルカリ性の汚れです。

そして酸性の汚れを落とすにはアルカリ性の洗剤を使い、アルカリ性の汚れを落とすには酸性の洗剤が適しています。

●アルカリ性の洗剤

最近、キッチン周りの汚れ落としによく使われるのが重曹(じゅうそう) $NaHCO_3$ です。重曹は重炭酸ソーダ（曹達(そうだ)）の略であり、現在では炭酸水素ナトリウムと呼ばれます。「ソーダ」とは、ドイツ語でナトリウムのことを指します。昔、化学用語にドイツ語が使われていたことの名残です。同様に、酸の強さを表わすpH(現在:英語ピーエイチ)をペーハー(昔:ドイツ語)と発音する人がいるのと同じです。

重曹はアルカリ性ですが、弱アルカリ性なので肌に優しく、害も少なく、そのわりに結晶が硬いという特徴をもっています。このため、クレンザーのような磨き粉としても使うことができるので人気が高いようです。

重曹では落ちにくい汚れの場合、**炭酸ナトリウム**(炭酸ソーダ)Na_2CO_3を使います。炭酸ソーダはアルカリ性が強いので注意が必要です。アルカリは皮膚を溶かします。温泉で「美人の湯」と呼ばれる湯の多くは泉質がアルカリ性の温泉で、そのため肌の角質が融けてヌルヌルになる、つまり「肌美人」になるという意味です。

したがって、炭酸ソーダを使うときは危険性を伴いますので、肌の弱い人は手袋をしたほうが無難です。また、炭酸ソーダの水溶液を含ませた雑巾(ぞうきん)を使う場合には、液体が目に入って角膜を傷つけることのないようにする、たとえば雑巾を目より高い位置にもってこないようにすることが大切です。また、ゴーグルをつけて掃除をするのもよいでしょう。

重曹と炭酸ナトリウムの中間が**セスキ炭酸ソーダ**(セスキ炭酸ナトリウム)$NaHCO_3$・Na_2CO_3です。これは化学式でわかるように重曹$NaHCO_3$と炭酸ナトリウムNa_2CO_3の1:1の混合物になっています。

●酸性の洗剤

家庭で見かける酸にはいくつかの種類があります。お寿司などに用いる食酢は**酢酸**CH_3COOHの3%程度の水溶液です。炭酸水の酸は炭酸H_2CO_3で、レモンなどの柑橘(かんきつ)類や梅干しの酸味は**クエン酸**です。ワインの酸味は**酒石酸**で、トイレ洗剤の酸は塩酸HClです。同じ酸味でも鮨は酢酸、梅干しはクエン酸のようにそれぞれ異なっています。

図2-3-1● 酢酸、クエン酸、酒石酸の化学構造式

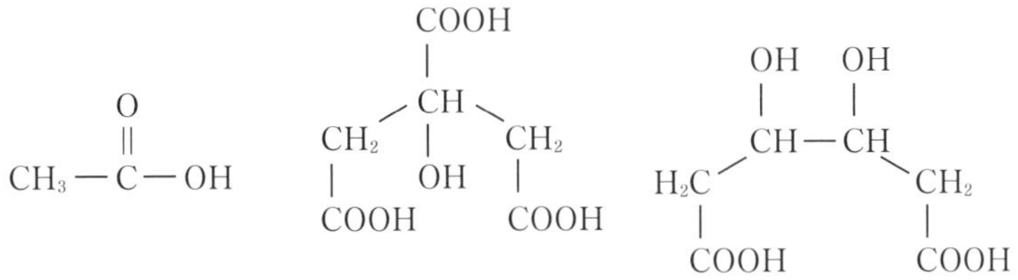

O
||
CH_3 — C — OH

COOH
|
CH
CH_2 | CH_2
| OH |
COOH COOH

OH OH
| |
CH — CH
H_2C CH_2
| |
COOH COOH

酢酸
(お寿司の食酢)

クエン酸
(レモン、梅干し)

酒石酸
(ワイン)

酢酸に水酸化ナトリウムNaOHというアルカリを反応させると、酢酸ナトリウム$CH_3COO^-Na^+$という化合物を生じます。この化合物ではCH_3COO^-というイオンがNa^+という金属イオンを繋ぎとめています。このような酸とアルカリの間に起こる反応を中和(反応)と呼び、**中和によって生じる生成物のうち、水H_2O以外のものを塩(えん)**といいます。

$$CH_3COOH + NaOH \rightarrow CH_3COO^-Na^+ + H_2O$$

塩酸と水酸化ナトリウムの中和によって生じるNaClは塩（えん）であると同時に塩（しお）（塩化ナトリウム）であるということになります。

$$HCl + NaOH \rightarrow Na^{+}Cl^{-} + H_2O$$

●キレート効果

図2−3−1ページの酢酸の構造式を見ればわかるように、酢酸の酸としての働きの中心部分はカルボキシ基と呼ばれるCOOH原子団です。この原子団がCOO^{-}というイオンになり、Na^{+}を繋ぎとめています。つまり、酢酸ナトリウムでは酢酸のCOOH原子団は1個で1個の金属原子Naを繋ぎとめていることになります。

ところがクエン酸にはこの原子団が3個、酒石酸には4個もあります（図2−3−1）。ということで、クエン酸では3個もあるCOO^{-}イオンのうち2個を使ってNa^{+}を繋ぎとめることができるのです。

これはカニが2本のハサミを使って餌を繋ぎとめているのに似ているということで、カニのギリシャ語である「キレート」を使って、このような化合物を一般に**キレート化合物**と呼んでいます。キレートは金属原子を捕まえる力が強いものです。

風呂場の鏡に付いた魚鱗状の汚れや、ボイラーなどの内側につく湯あかである**缶石**（かんせき）は、カルシウムCaの化合物による汚れです。このような汚れを落とすにはクエン酸が優れているといわれるのは、キレート効果が働くことによるものです。次の図2−3−2は、2個のCOO^{-}イオンがCa^{2+}を繋ぎとめている様子を示したものです。その姿は「カニのハサミ」にそっくりです。

なお、人間の体内に入った有害金属を体外に排出する（デトックス）にもキレートの効果があるのでないかといわれた時期もありましたが、医学的には立証されていないようです。

図2-3-2●キレート化合物の名前の由来は「カニのハサミ」

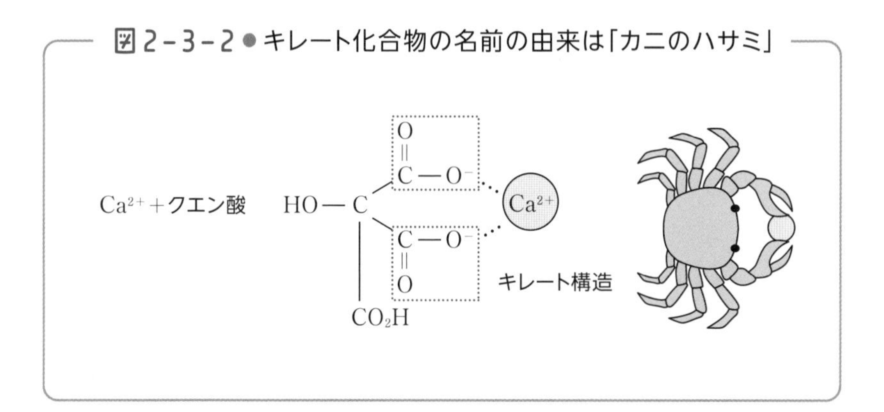

混ぜるな危険！塩素ガス発生

——漂白剤

衣服を長く着ていると黄ばんできます。柄物（がらもの）も地の黄ばみのために柄が不鮮明になり、全体として鮮やかさが落ちてきます。このようなときに役立つのが**漂白剤**です。

●二重結合と光吸収

有機化合物は一重結合や二重結合をもっており、その二重結合は特殊な性質をもっています。その1つが紫外線や可視光線を吸収することです。ある種の有機化合物はたくさんの一重結合と二重結合が交互に連続した結合をもっています。このような結合全体を**共役（きょうやく）二重結合**といいます。

共役二重結合はその長さによって、吸収する光の波長が違います。二重結合が3～4個連続しただけでは波長の短い紫外線を吸収するだけで、可視光線までは吸収しません。このような有機化合物は無色で色がありません。

しかし、二重結合が増えてくると吸収光の波長が長くなり、黄色や赤みを帯びてきます。衣服に黄ばみを与えるのはこのような共役二重結合の有機物なのです。

●漂白剤とその種類

黄ばんだ衣服を白色に戻すためには、長い共役二重結合（共役系）を切断し、短くしてやればよいことになります。このような働きをするのが漂白剤なのです。

図2-4-1●長い共役(黄ばむ)を短くカットすれば漂白される

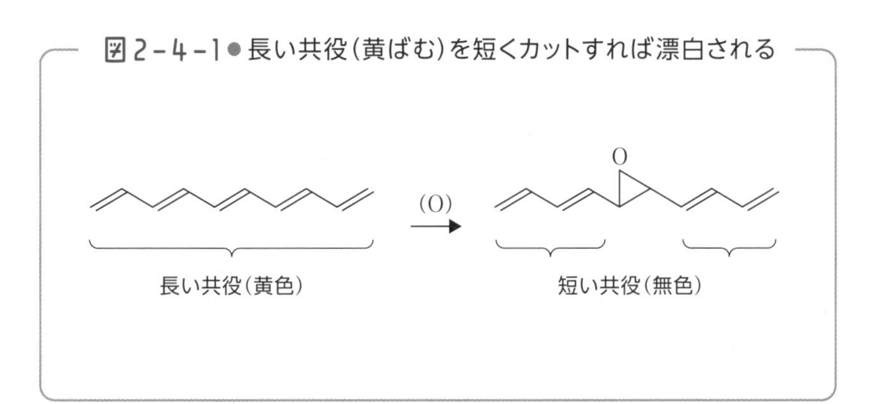

それでは漂白剤は具体的にどのような反応をすればよいのでしょうか。漂白剤には多くの種類がありますが、一般的なのは酸化剤です。二重結合に酸素を結合して一重結合にしてやるのです。

二重結合が5個並んだ共役系は黄色い色をもちますが、この中央の二重結合に酸素を結合させれば、残りの二重結合は両端の2個ずつであり色はありません。つまり黄ばんだ衣服が真っ白になるというわけです。

漂白剤には、大きく分けて「酸素系」と「塩素系」の2種類があります。

○酸素系漂白剤

「酸素系漂白剤」は化学薬品の分解によって酸素を発生させ、それによって黄ばみの元の有機化合物を分解するものです。よく用いられる成分は、過炭酸ナトリウム（ペルオクソ炭酸ナトリウム）$Na_2C_2O_6$です。

これに洗剤の一種である界面活性剤などを混ぜたものが、粉末として市販されています。水に溶かすと、水と反応して炭酸ナトリウムNa_2CO_3と二酸化炭素と酸素（O）を発生し、この酸素が黄ばみ分子を酸化分解して漂白します。

$$Na_2C_2O_6 \rightarrow Na_2CO_3 + CO_2 + (O)$$

○塩素系漂白剤

「塩素系漂白剤」とは漂白剤の成分に塩素を含むものです。よく用いられる主成分は、次亜塩素酸ナトリウムNaClOであり、この水溶液に界面活性剤（洗剤）などを混ぜたものです。

次亜塩素酸ナトリウムは分解して、塩化ナトリウム（食塩）NaClと酸素（O）を発生します。

$$NaClO \rightarrow NaCl + (O)$$

●混ぜるな危険！

塩素系漂白剤の怖い点は、次亜塩素酸ナトリウムNaClOが酸と反応すると塩素ガスCl_2を発生することです。**塩素ガスは第一次世界大戦でドイツ軍が毒ガスとして使用したほどの猛毒**です。触れたり吸ったりすると、皮膚や呼吸器官に障害を起こすだけでなく、重い場合には失明したり、最悪の場合には命を落とすことさえあります。

$$NaClO + 2HCl \rightarrow NaCl + H_2O + Cl_2$$

しかも、悪いことに家庭には強い酸がたくさん存在します。トイレ用の洗剤です。一般にこのような洗剤には塩酸HClが入っています。したがって**塩素系漂白剤とトイレ用の酸素系洗剤とを混ぜると猛毒の塩素ガスが発生する**のです。絶対に混ぜないように、厳重な注意が必要です。

図2-4-2●混ぜると猛毒ガスが発生する

風呂場でドアを閉めて作業しているときは最悪です。塩素ガスが急に発生した場合、狭い密閉空間ではドアを開ける間もなく、塩素ガスにやられてしまいます。最も怖いケースです。

最近では、汚れ落しにクエン酸や食酢を用いることが多いようです。食酢は酢酸という酸の水溶液ですし、クエン酸は酢酸より強い酸です。

クエン酸で掃除をした後、流した廃水が庭に掘った溝に溜まっているところに塩素系漂白剤の廃水を流したら、溝で化学反応が起こります。もし庭で幼児が遊んでいたら、事故が起こらないとも限りません。

このように、最近の家庭には危険物がたくさんあるということを忘れないでいただきたいと思います。

服のマイナスイオンが柔軟剤のプラスイオンを呼びこむ

——繊維柔軟剤と逆性セッケン

衣服を何回も洗濯していると、やがて繊維が老朽化してゴワゴワした感じになります。そのようなときに役立つのが**繊維柔軟剤**です。洗濯した後の濯(すす)ぎの段階で繊維柔軟剤を加えると、繊維が新品のときのようにフンワリと軟らかくなるようです。

最近の洗濯機の中には柔軟剤のセットができ、最適の段階に最適量の柔軟剤が自動的に滴下されるようなタイプの機種もあるといいます。

●繊維の硬化

繊維が新品のように弾力豊かに再生されるのは嬉しい話ですが、すべての科学的な話には反応機構（仕掛けと結果）があります。繊維柔軟化の機構はどのようになっているのでしょうか。

洗濯を繰り返すと、繊維の柔軟性が失われていきます。するとそれまで繊維の表面に立っていた細い繊維が倒れ、互いに束ねられたような形になります。これが進むと繊維の表面に繊維の束の角が立ったようにゴワゴワし、ふんわり感がなくなります。これを防ぐには、細い繊維同士の間の摩擦を少なくし、互いに滑りやすくすればよいことになります。この働きをするのが繊維柔軟剤です。

●柔軟剤の成分

繊維柔軟剤の分子構造は先に見た洗剤（両親媒性分子）と同じように、一分子中に親水性部分と疎水性分の両方をもっています。ただし洗剤とは反対に、親水性部分の電荷がプラスイオン（カチオン）になっているので、「**カチオン性界面活性剤**」と呼ばれます。これは、一般に**逆性セッケン**といわれるものと同じ構造です。カチオン性界面活性剤は強い殺菌作用をもっていて、昔から医療用の消毒剤として用いられてきました。

図2-5-1● 親水性部分がプラスイオンのカチオン性界面活性剤

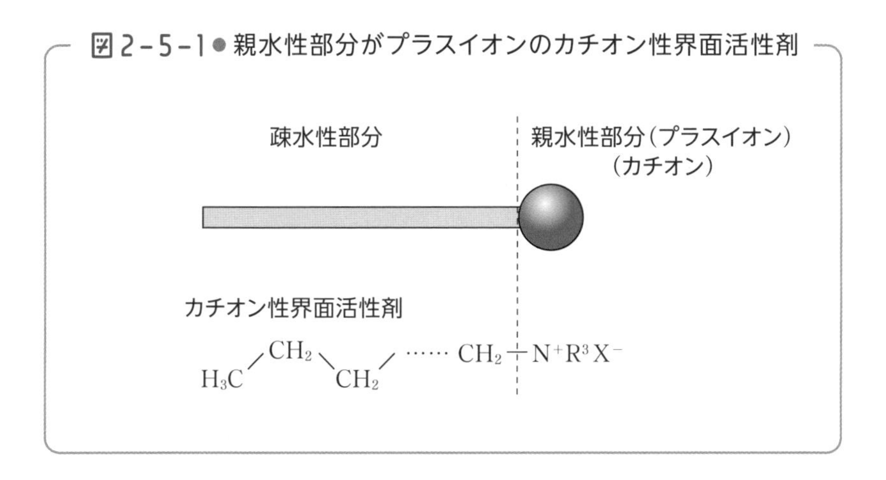

柔軟剤は、カチオン界面活性剤を主成分とし、製品によっては、仕上がりをさらに良くするための性能向上剤、安定した性能を保つための安定化剤、さらに香料などが配合されています。

●柔軟化の機構

ところで、洗濯の濯ぎ段階になって水にぬれた繊維の表面はマイナスに帯電しています。ここに繊維柔軟剤の分子がやってくると、そのプラスの親水性部分は繊維の表面のマイナス電荷に引き寄せられます。この結果、繊維の表面には柔軟剤の親油性の部分が立ち並びます。

図2-5-2●柔軟剤が衣服を柔らかくするメカニズム

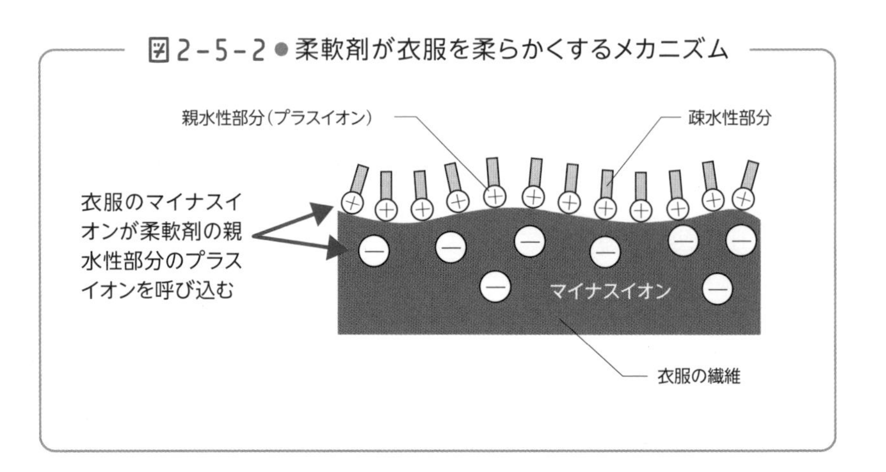

洗濯物が乾燥してもこの状態は維持され、疎水性部分を外側にして柔軟剤が繊維の表面に整然と並んだ状態になります。そのため、繊維の表面は、まるで油の膜ができたような状態になり、摩擦抵抗が減少します。この結果、繊維同士の滑りがよくなるので、繊維の表面が硬く固まることがなく、フンワリとなめらかな仕上がりにします。

また、カチオン界面活性剤の親水性部分には水分子が強く結合しているため、静電気が発生してもこの水分子を通じて流れ去ります。柔軟剤を使って仕上げると静電気の発生が抑えられるのは、そのためです。

●柔軟剤を使うときの注意点

このように柔軟剤は親水部分がカチオンのカチオン界面活性剤ですが、洗剤は反対に親水性部分がアニオン（マイナスイオン）のアニオン界面活性剤です。そのため、柔軟剤が残っていると次の洗濯の際に洗剤の働きを阻害し、汚れが落ちにくくなる可能性があります。

また、適量以上の柔軟剤を使い続けると、次の洗濯で前の柔軟剤が落ち切らないうちに次の柔軟剤が付着することになり、布の表面に疎水性部分が並ぶので、衣類の風合いや手ざわりが変わってしまうこともあります。

カチオン活性剤は医療現場での殺菌に用いられるほど殺菌性が強いものです。柔軟剤は洗剤と違って、濯ぎでなくなるものではありません。服を着ている間中、肌に接しています。肌の弱い人はトラブルを感じることがあるかもしれません。

余分な柔軟剤は洗剤で落とせます。吸水性の低下や風合いの変化が気になったら、しばらく柔軟剤を使わずに洗濯したほうがよいかもしれません。

●分量が多いと「香害」に

柔軟剤そのものの性質ではありませんが、最近の柔軟剤には香料の分量が多いといわれます。柔軟剤を使って洗濯した衣服を着た人とエレベーターに乗り合わせると、そのことがわかることもあります。強烈な香水の香りと同じです。

最近の香料はほとんどすべてが化学薬品であると思ってよいでしょう。香料（化学薬品）の匂いを脱臭剤（化学薬品）で消して、無臭状態がよいといって喜ぶのは、化学薬品の無駄遣い以外の何物でもありません。資源保護の面からも無駄なことはやめたいものです。

コーラの破裂から福島第一原発の水素爆発まで

―― 発泡性物質

瓶に詰められた発泡性飲料が破裂し眼球を傷つけた、といった事故が多発した時期があります。発泡性飲料（液体）といえば、炭酸飲料、ビール、シャンパンなど、私たちの周りにはたくさんあります。液体飲料でなくても、ドライアイスを水に入れれば盛んに泡を立てます。釣りの照明に使うカーバイド（炭化カルシウム）CaC_2を水に入れても泡は立ちます。

泡が出るのは気体が発生しているためで、炭酸飲料、ビール、シャンパン、ドライアイスの場合には二酸化炭素CO_2が、また、カーバイドの場合にはアセチレンHCCHが発生しています。

●溶解度による発泡

炭酸飲料には人為的に二酸化炭素が封じ込められており、ビール、シャンパンにはブドウ糖$C_6(H_2O)_6$のエタノール（CH_3CH_2OH）発酵の過程で発生した二酸化炭素が溶けています。それが栓を開けて気圧が低くなったことで泡となって一気に噴き出したのが、これら飲み物の泡です。

$$C_6(H_2O)_6 \rightarrow 2CH_3CH_2OH + 2CO_2$$

温度の上昇と共に固体の溶解度は上昇しますが、**気体の溶解度**は反対に温度上昇によって小さくなります。

図2-6-1●気体の溶解度は温度の上昇とともに下がる

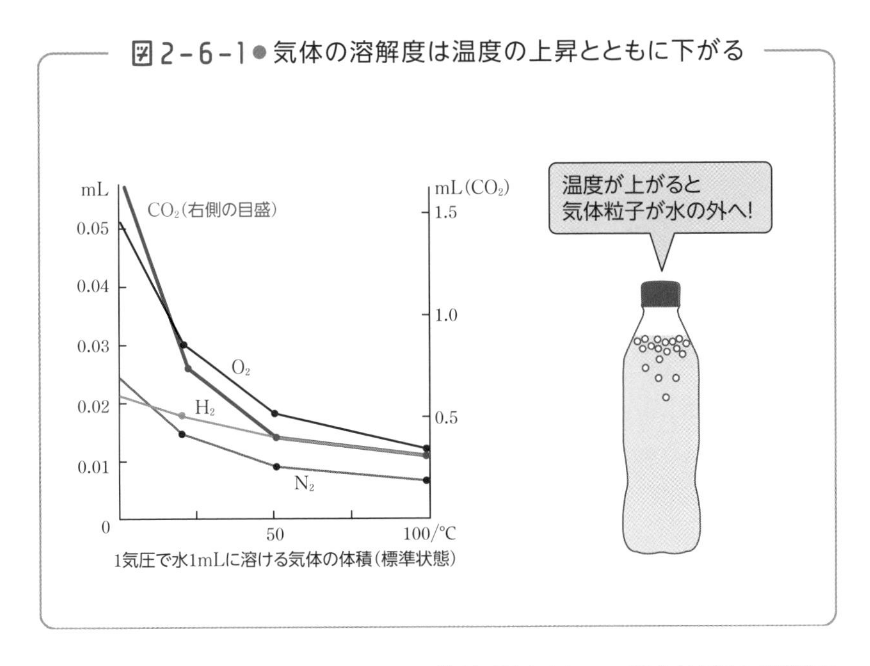

そのため、暑い夏にはコーラの瓶も温まり、二酸化炭素の溶解度が小さくなって瓶内で発泡し、その体積膨張の圧力に瓶が耐え切れなくなって破裂することがあるわけです。

ガラス瓶のガラスは厚いので安全に見えるかもしれませんが、いったん破裂すれば爆弾と同じように大怪我に結びつきかねません。意外なところに危険が隠れているのです。

●昇華による発泡

水中のドライアイスによる発泡は、二酸化炭素の結晶であるドライアイスが温度上昇のために昇華して気体になったことによるものです。昇華は結晶が液体状態を経由せずに直接気体になる現象であり、タンスなどに入れる固体殺虫剤などでよく知られた現象です。

子どもたちがペットボトルにドライアイスを入れ、栓をして遊ぶことがあるようです。しかし、砕け散ったペットボトルの破片が勢いよく飛び、それが目に飛び込みでもしだら、とんでもない大きな事故になります。これは杞憂ではなく、実際に似た事故が起きているからです。

以前、ある子どもがインク瓶にドライアイスを入れて栓をし、どうなるかを見ていたところ、突如として瓶が破裂。このとき後ろから子どもの様子を見ていた母親が運悪く頸動脈を切って亡くなるという、いたましい事件があったのです。

気体の発泡、爆発の恐ろしさを甘くみてはいけません。

●二酸化炭素、カーバイドによる発泡

化学反応によって気体が発生することもあります。その1つが重曹による二酸化炭素の発生です。

最近、効果的な掃除の手段として重曹とクエン酸を混ぜることがあります。混ぜることによって二酸化炭素CO_2の泡が出て、その粘着力で洗剤全体が垂直な壁に張り付いたようになり、汚れに長時間洗剤を当てておくことができ、洗浄力が上がるからというのです。

すべての酸は、水素イオンH^+になることのできる水素原子Hをもっているので、化学ではHAで表わします。酸の中で最も簡単な分子式のものは塩酸HCl（A = Cl）ですので、この反応を塩酸を使って表わすと下式のようになります。

$$NaHCO_3 + HCl \rightarrow NaCl + H_2O + CO_2$$

この二酸化炭素は化学反応によって発生するものであり、少々の圧力では発生を止めることはできません。

つまり、この発泡性の洗剤をつくり置きしておこうなどと考え、発泡途中の洗剤を瓶に入れて栓などをしようものなら、悪くすると瓶が破裂することになります。時限爆弾のような、とても危険な行為なのです。

水に入れたカーバイドの発生も化学反応による気体の発生です。しかもこの場合に発生する気体はアセチレンC_2H_2で、高温を伴って燃焼することで知られています。もし、近くに火気でもあったら火事を起こすかもしれません。

$$CaC_2 + H_2O \rightarrow CaO + C_2H_2$$

●アルミニウムによる発泡

序章で見た、アルミニウムAl製のコーヒー缶の中にアルカリ性の洗剤を入れて破裂させた事件も、化学反応による気体の発生です。

アルミニウムはアルカリと反応すると水素ガスH_2を発生します。

$$2Al + 2NaOH + 6H_2O \rightarrow 2Na[Al(OH)_4] + 3H_2$$

アルミニウムは特殊な金属です。というのは、アルミニウムはアルカリだけでなく、酸とも反応して水素を発生し、さらに高温では水とも反応して水素を発生する金属だからです。

$$2Al + 6HCl \rightarrow 2AlCl_3 + 3H_2$$
$$2Al + 6H_2O \rightarrow 2Al(OH)_3 + 3H_2$$

発泡ではありませんが、アルミニウムの危険性は他にもあります。

電子レンジで食品を温めるとき、アルミホイルを使うと火花が散って危険だということはご存知でしょう。電子レンジは電磁波を使って食品の水分子を振動させることで熱を発生させ、食品を温めるものです。

けれどもアルミのような金属の場合、その表面の電子が激しく振動し、放電するのです。電子レンジ内にアルミ箔を入れると、電子レンジの故障の原因となるだけでなく、火災の危険もあります。

主婦にとって、アルミ箔と電子レンジの危険性は常識ですが、ふだん料理をしないおとうさんがラップをかける感覚でアルミ箔をかけ、「気軽にチン」などとやると思わぬ事故につながります。知識は力なり、なのです。

図2-6-2●電子レンジにアルミ箔を入れると危険!

●マグネシウムによる発火

高温で水と反応して水素ガスを発生する金属は他にもあります。2012年に岐阜県土岐市で起きたマグネシウムMg火災では、完全鎮火までに1週間ほどという時間が掛かりました。

マグネシウムはアルミニウムと同じように、高温になると水と反応して水素ガスを発生します。水素ガスは可燃性、爆発性のガスです。つまり燃えているマグネシウムに水を掛けると水素が発生し、その水素に火が着いて大爆発となるのです。このため、消防隊は水を掛けることができず、延焼が広がらないように見守る以外なく、鎮火までに時間がかかったわけです。

私が学生時代に所属した研究室では金属反応を扱っていました。そのため、研究室の一角にはミカン箱に入れた乾燥砂と、アスベスト（石綿）で織った2メートル角ほどの分厚く重いアスベスト毛布が畳んで置いてありました。何に使うかというと、金属火災が起きたときに水を掛けられないので、砂を掛けて空気と金属とを遮断し、アスベスト毛布を掛けることで二重に外部と遮断するためでした。

2011年の東日本大震災の津波で起きた福島第一原子力発電所の原子炉事故では、「水素爆発」が起きて原子炉の建屋（たてや）が破壊されました。

これは使用済み核燃料を保管しておいた冷却プールの外部電源が津波で遮断され、冷却機能がなくなったため、使用済み核燃料の放射性元素による発熱で燃料体の外装材のジルコン合金が過熱し、それが水と反応して発生した水素ガスに火が着いて起こった大爆発だったのです。

循環式風呂で肺炎？

―― レジオネラ菌

●肺炎を誘発するレジオネラ症

レジオネラ菌による感染事例が近年、多発しています。レジオネラ菌とは、主に肺に感染して肺炎を起こす（レジオネラ症）菌のことで、死者を出すことも珍しくない怖い菌です。

最近では、2012年夏、カナダのケベック州でレジオネラ症感染者が続出し、176人の感染と11人の死亡が確認されました。それよりも前の2005年には同じくカナダのトロント市で127人が感染し、21人が死亡しました。

日本も例外ではなく、全国で毎年2000件以上の発生例があり、死亡者も出ています。主なものをとり上げてみても、2000年6月、茨城県石岡市にオープンした入浴施設が感染源となり、143人が発症し、うち3人が死亡。また、2002年7月には宮崎県日向市にオープンした温泉入浴施設が感染源となり、295人が発症し、うち7人が死亡しています。

なお、レジオネラ菌はレジオネラ、レジオネラ属菌などとも呼ばれますが、本書では「レジオネラ菌」の表記で進めることにします。

図2-7-1●レジオネラ菌による症例数の推移

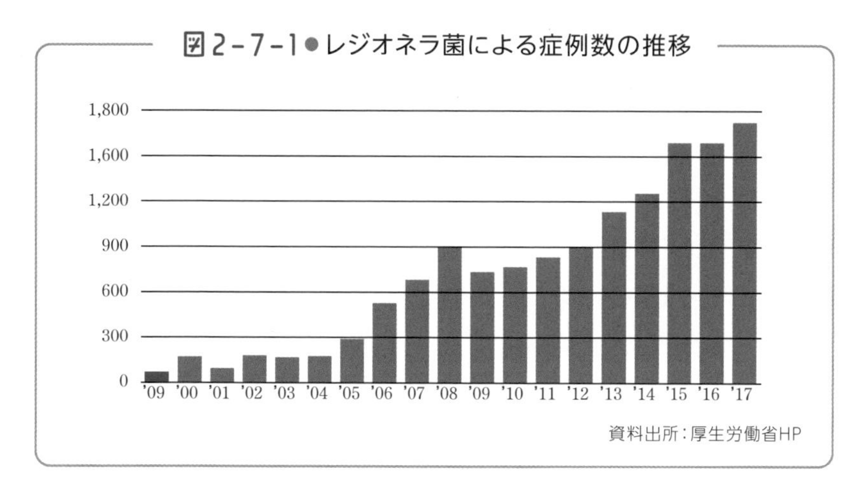

●レジオネラ菌の発見

レジオネラ菌は1976年にアメリカのペンシルバニア州で発見されたばかりの比較的新しい菌です。きっかけは、アメリカ在郷軍人会の州大会が開かれた際、同州各地から参加した会員の221人が原因不明の肺炎にかかったことです。通常の抗生剤治療を施しましたが、34人が亡くなりました。

このとき、新種の菌が患者の肺から多数分離されたのです。発見された細菌は在郷軍人（legionnaire）にちなんで レジオネラ菌と名づけられました。調査の結果、この集団感染は在郷軍人会の大会会場近くの建物の冷却塔から飛散したエアロゾル（飛沫）に起因していたことが明らかになりました。

●レジオネラ菌の特徴

レジオネラ菌は2～5μm（1μm＝10^{-6}m）ほどの大きさで、アメーバの10分の1程度のサイズです。また、形としては棒状の桿菌（かんきん）であり、鞭毛（べんもう）をもっています。

幅広い環境で生育し、主に沼や河川などの水の中、あるいは土壌に存在している自然環境中のどこにでもいる常在菌です。レジオネラ菌は細胞内に寄生する性質があり、これらの場所でアメーバなどの原生生物の細胞内に寄生したり、藻類（そうるい）と共生しています。これによってさまざまな環境での生育が可能になっています。

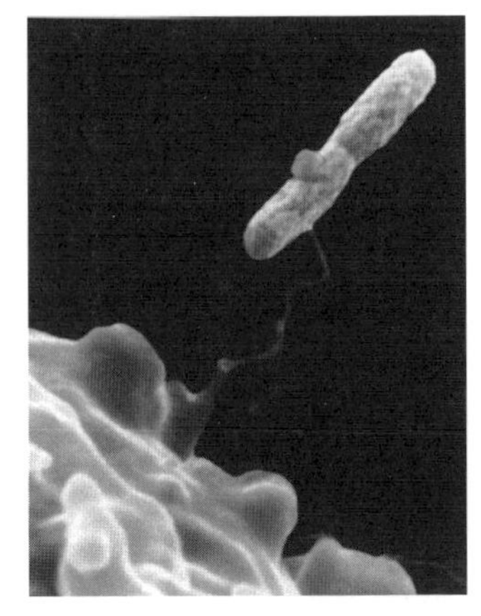

図2−7−2 アメーバ（左）とレジオネラ菌（右）

河川だけではありません。ヒトの生活する環境においても、**レジオネラ菌は大量の水を溜めて利用する場所で繁殖する**ことが知られ、20 ～ 50℃で増殖し36℃前後が最も繁殖するといわれています。

図2-7-3●レジオネラ菌がヒトに感染する経路

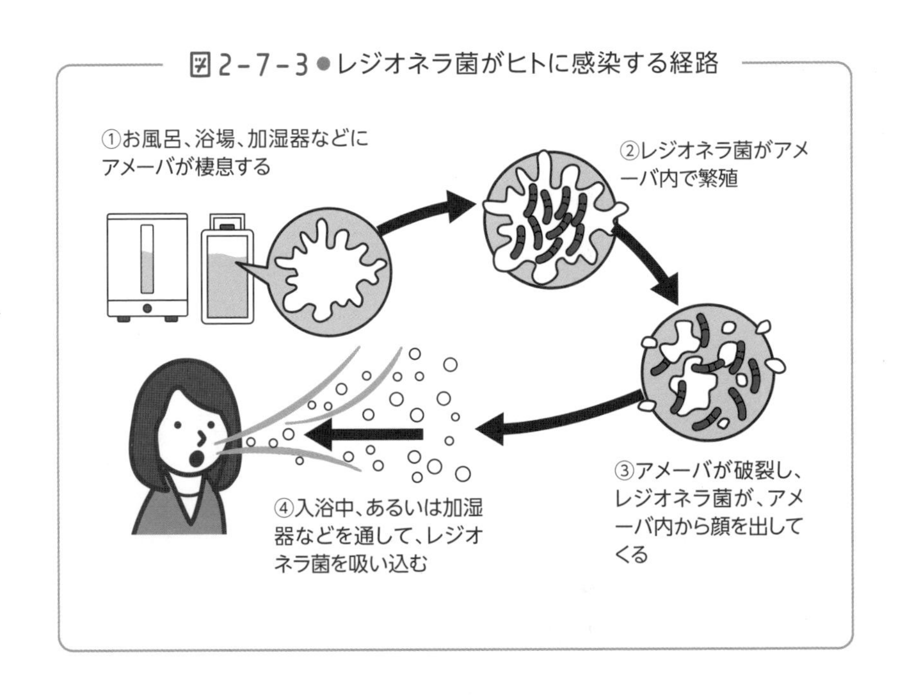

特に、空調設備に用いる循環水や、入浴施設における循環装置によく見られ、しばしばこれらの水を利用する際に発生する微小な水滴（エアロゾル）を介してヒトに感染します。

●症状・感染源

レジオネラ菌を含んだエアロゾルがヒトに吸入されると、レジオネラは肺胞に到達します。そこに待ち構えている免疫細胞の一種である食細胞のマクロファージ（1章8節を参照）に貪食（どんしょく）されます。

しかし、レジオネラ菌は細胞に寄生する性質をもっていることから、**ヒトのマクロファージ内で増殖することも可能**という、したたかさも備えています。

感染した場合の兆候や症状としては、咳、息切れ、高熱、筋肉の痛み、頭痛などがあります。吐き気、嘔吐（おうと）、下痢の症状を引き起こすこともあり、これらの症状はレジオネラ菌に感染後、2日から10日で現れます。

主な感染源は、すでに述べたように入浴設備、超音波加湿器、空調機器やダクト等ですが、特に日本では入浴設備からの感染事例が多いようです。

1996年、通産省から家庭用24時間風呂の浴水でレジオネラ菌が確認されやすいとして、その製造元・発売元に対し、衛生対策の要請がなされました。1997年にはレジオネラ対策を施した24時間風呂が各社から発売されています。しかし、それ以降も各地の温泉や共同入浴施設で感染による死者が出ていることが物語っているように、レジオネラ菌に対する衛生管理の難しさがわかります。

窒息の危険性、発火の危険性

―― 防水スプレー、乾燥剤

お風呂やトイレで使う危険物は他にもたくさんあります。この章の最後に、いくつかの例を見てみましょう。

●防水スプレー

防水スプレー（撥水（はっすい）スプレー）を使った経験は何度かあるでしょう。古くなって撥水性の悪くなったコウモリ傘、あるいはスニーカーなどにシュッと一吹きすることで撥水性がよみがえります。

防水スプレーの主成分はフッ素樹脂、シリコン樹脂です。フッ素樹脂はフライパンに使われるテフロンのようなものです。シリコン樹脂のほうは家庭用の防水にはあまり使われていません。またテントなどの防水には界面活性剤を用いたスプレーもあります。

これらの撥水剤を適当な有機溶媒に溶かし、噴霧剤と共にスプレー缶に詰めた物が市販の防水スプレーです。

布地に防水スプレーを噴霧すると、主成分が細かい霧状になって繊維の表面に付着します。すると繊維表面がハスの葉の表面のようになって水を弾きます。そのため、水が繊維の中に浸みこんだり、通過したりすることを防ぐのです。

●防水スプレーの事故と予防

このように身近な防水スプレーですが、最近、事故が増えています。**防水スプレーによって窒息状態になる**のです。

防水スプレーを吸いこむと肺細胞の表面に防水材の粒子が付着し、肺細胞が酸素を吸収できなくなって窒息状態に陥ります。また有機溶媒によって皮膚や粘膜が刺激され、中枢神経が麻痺して呼吸困難、低酸素症、胸痛などが起こり、重い場合には意識低下も起こります。

皮膚にスプレーが掛かった場合にはセッケンと水で洗浄し、目に入った場合には流水で15分以上洗浄するなどした後、念のため適当な医療機関に行ったほうがよいでしょう。大量に吸いこんだ場合には救急車を手配して救急搬送です。しかし医療機関でも適当な処置法はなく、対症療法を行なうだけと聞きます。

スプレーを使用する際には、体に直接掛からないようにする、スプレーを吸い込まない、というのが最上の策です。そのためには浴室、キッチンなどの狭い空間での使用は避け、マスクやゴーグルを着けて換気扇を回し、子どもやペットのいない所でスプレーをかけます。

また万一のことを考えて、一人で作業をするのではなく、家の人がいるときに使用するのが賢明です。なお、すべてのスプレーは引火性ですので、**火気のない所で使う**のも事故に遭わないための大切な知恵です。

●乾燥剤をゴミ箱に入れて発火？

煎餅(せんべい)など湿気を嫌う食品の包装の中に入っているのが**乾燥剤**です。乾燥剤としては、主に**生石灰**(せいせっかい)（酸化カルシウム）CaOとシリカゲ

ルSiO_2が使われていますが、危険なのはこの生石灰CaOのほうです。

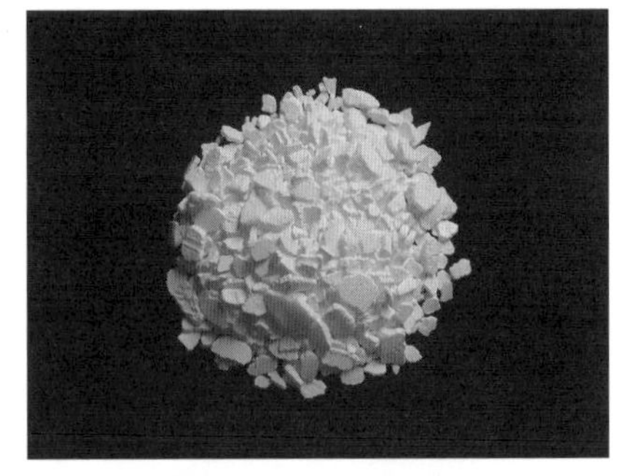

図2−8−1塩化カルシウムの結晶
(資料出所：Firetwister)

生石灰CaOは空気中の水分を吸収して**消石灰**(しょうせっかい)($Ca(OH)_2$)となることによって乾燥を行ないますが、この反応は強い発熱反応であり、レトルト食品の加熱反応にも使われているものです。

それだけに間違って赤ちゃんが口に入れたりすると、重篤(じゅうとく)な火傷の危険性があります。また、なにげなく水分のあるゴミ箱に棄てると発火し、火事の原因になることもあります。

倉庫など狭い空間の乾燥には塩化カルシウム$CaCl_2$が使われることもあります。この塩化カルシウムは乾燥用（除湿用）だけでなく、凍結防止用（融雪用）としても幅広く使われています。

これは脆くて大きめの結晶ですが、湿気を吸うと融けて液体になります。容器内に入れておくと、思わぬ量の液体が溜まります。この液体は酸性（pH8.0〜10.0）ですから、直接、素手で触れないように注意したほうがよいでしょう。

きけんぶつのかがくの窓

PFAS

PFAS（ピーファス）とは、フッ素Fを含んだ合成有機化合物の総称のことで、これに該当する化合物は4700種類もあるといわれています。水や油をはじく効果があり、熱にも強いことから半導体や包装紙、防水服、あるいは傘や靴の撥水剤（はっすいざい）、床の防水塗料、さらには消火剤など身近な製品に使われ、私たちの暮らしを支えています。

便利で役立つ物質なのですが、炭素とフッ素の結合は非常に強いため、この化合物も有機塩素化合物と同じように、環境中に放出されても分解されることはありません。結果的に、いつまでも自然界に滞留し、食物連鎖を経由して人体に堆積されることになります。オゾンホールで有名になったフロンと同様、有機フッ素化合物も環境にとって、少なくとも優しい化合物とはいえないようです。

PFASの人間に対する害としては、①動脈硬化などの原因となる脂質異常症、②腎臓がん、③抗体反応の低下（ワクチン接種による抗体ができにくい)、④乳児・胎児 の成長・発達への影響などの可能性が指摘されています。

PFASの中でも特に注目されているのがPFOS、PFOAです。PFASは水溶性のため、一般には体内に蓄積されることは少ないと見られるのですが、PFOSは例外的に血液、肝臓、胆嚢などに蓄積されることが明らかになっています。

次のグラフはPFOS、PFOAの人体への蓄積量を国別に比較したものです。ポーランドやアメリカで高くなっていますが、3番目は日本であり、楽観はできません。日本では女性における蓄積量が高くなっているようです。

有機フッ素化合物や有機塩素化合物など、分解されずに環境に残留し続ける有機物を残留性有機汚染物質POPsといいます。

2004年に発効したストックホルム条約はPOPsを削減しようという国際的な条例ですが、これまでにDDT、ダイオキシンなどが削減対象として上げられてきました。そして2009年、この条約によってPFOSなどが加えられました。

今後、このような物質が環境に放出されることのないよう、厳重な監視が大切になります。

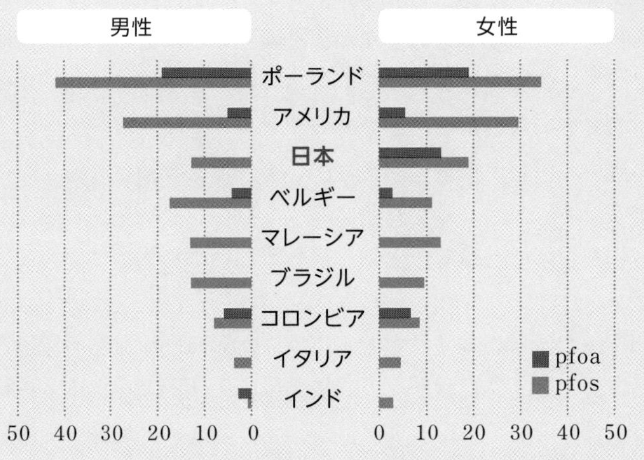

資料出所：K.C.Kannan et al.,(2004年)

PFOS

PFOA

第3章

リビングに潜む危険物

3-1 幼児が飲み込んで腸閉塞に

―― 強力な磁石

意外かもしれませんが、現代は「磁石の時代」です。私たちが生活している地球がそもそも巨大な磁石であり、ペンギンの棲む南極、シロクマの棲む北極はこの巨大な磁石の南北両極（南極がN極、北極がS極）になっています。

そのため地球上で磁石を使えば、地球のどこに居ようとも、磁石のN極は地球の北極（北極がS極なので）を指し、磁石のS極は地球の南極を指すことになります。

図 3-1-1● 普通の磁石のN極が北極を指す理由

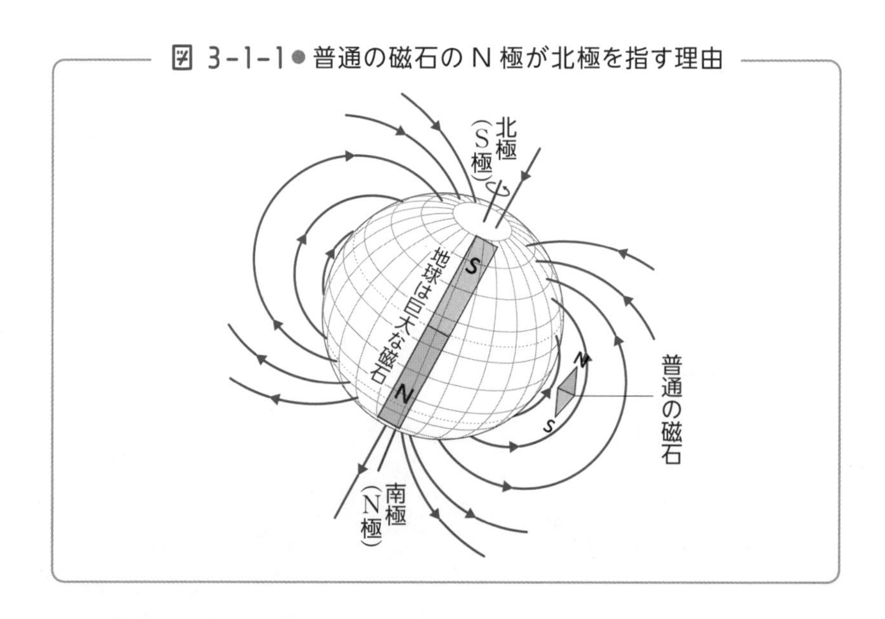

そして現在、私たちは常に磁石を動かし、磁石の動きによって生活しています。電気、電力は発電機によって起こしますが、発電機は鉄心に巻いたコイルの中に磁石を出し入れすることによって電力を発生します。小さな腕時計から大きく重い電車に至るまで、多くの動力はモーターで賄われますが、モーターは磁石の中のコイルに電流を流すことによって運動を誘発しているのです。

●磁石の種類

磁石には物質そのものが磁性をもっている**永久磁石**と、鉄心に巻いたコイルに通電することによってその通電時間だけ磁性が生まれる**電磁石**があります。

電磁石の磁力の大きさはコイルに流す電流量に比例します。大電流を流せばそれだけ大きな磁力が得られますが、同時にコイルには巨大なジュール熱が発生し、その冷却のために無制限に大きな電磁石をつくることはできません。

ところが金属の伝導度は温度が下がるほど大きくなり、ある種の金属では絶対零度（−273℃）近くの極低温になると伝導度＝無限大、つまり電気抵抗＝0となります。この現象を利用してつくった超強力磁石のことを「**超伝導（超電導）磁石**」といいます。超伝導磁石は脳の断層写真を撮るMRIに使われていますし、JR東海が進めているリニア新幹線の車体は磁石の反発力を利用して浮いていますが、この力にも超伝導磁石が利用されています。

●永久磁石

磁石が利用されるのは発電や動力だけではありません。現代社会はコンピュータと、そこで使う記憶素子の上に成り立っていますが、そこには磁気が使われています。

スーパーで買い物をする場合にも、電車に乗るときも磁気カードを使います。情報もその記録もすべては磁気によって操られているのです。

この記憶に使われる磁石は「永久磁石」です。永久磁石といえば子ども時代に遊んだ馬蹄形(ばていけい)の磁石を想い出しますが、現代の永久磁石の磁性の強さは馬蹄形磁石の比ではありません。次のグラフは永久磁石の強さの年次変化を表わしたものです。

図 3-1-2 ● 強力な永久磁石の発展の推移

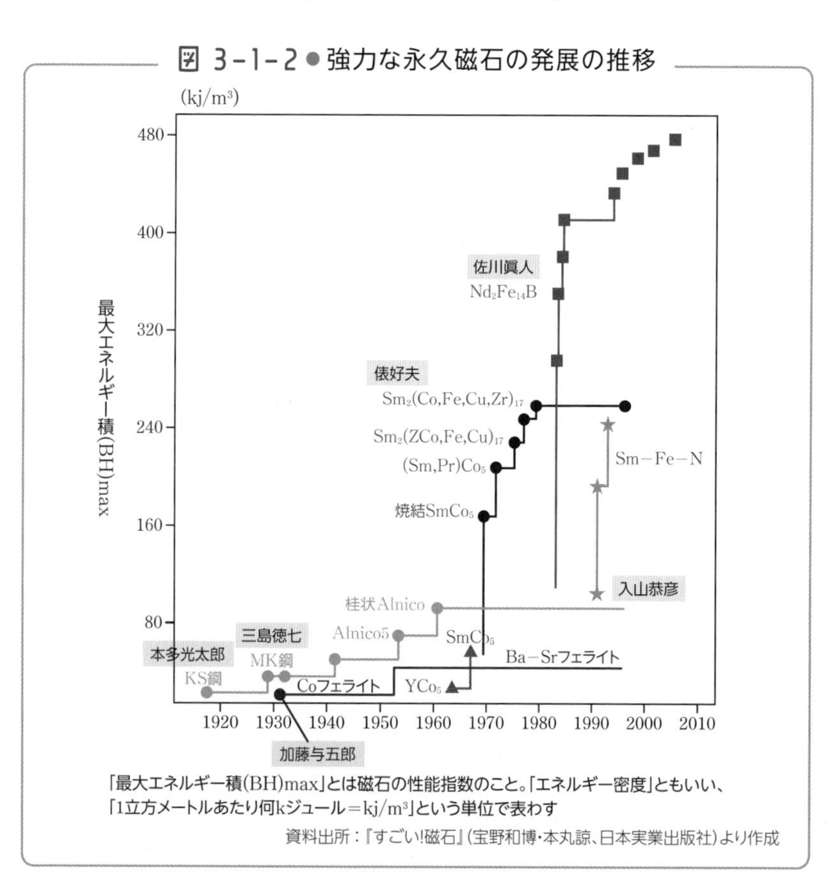

「最大エネルギー積(BH)max」とは磁石の性能指数のこと。「エネルギー密度」ともいい、「1立方メートルあたり何kジュール＝kj/m³」という単位で表わす

資料出所：『すごい!磁石』(宝野和博・本丸諒、日本実業出版社)より作成

なお余談ですが、図中の俵(たわら)好夫（1937～）とは松下電器、信越化学工業などで活躍した希土類磁石の第一人者のことですが、短歌『サラダ記念日』で有名な俵万智の実父でもあり、その短歌集にも、

ひところは「世界で一番強かった」父の磁石がうずくまる棚

など、父にまつわる短歌もいくつか収められています。これは父の発明したサマリウムコバルト磁石の地位（世界一）がネオジム磁石に取って代わられたことを示した歌とされています。

●「希土類」磁石とは？

先のグラフを見ると、1970年代を境にして磁石の勢力地図が大きく変化していることがわかります。というのは、70年代に入ると磁石の成分金属として、サマリウムSm、ネオジムNd、プラセオジムPrなどという、聞きなれない金属元素名が並んでいるからです。

これらの金属元素は**レアメタル**（希少金属）と呼ばれる元素の一種であり、科学研究や化学産業には非常に重要でありながら、日本ではほとんど産出しない**47種類の金属の一部です**。

レアメタルの中には磁性、発色、発光、レーザーなど、現代科学の真髄を担う17種類の元素群がありますが、それを**レアアース**（希土類）といいます。レアアースは周期表の3族元素のうち、上部にあるスカンジウムSc、イットリウムYと15種類のランタノイド元素の合計17種類の元素のことを指します。ここで列挙した元素はすべて「希土類元素」なので、これらの元素を用いた磁石を特に**希土類磁石**と呼んでいるわけです。

図 3-1-3 ● 47 種類のレアメタルとレアアース

	1	2	3	4	5	6	7	8	9	10	11	12	13	14	15	16	17	18
1	H																	He
2	Li	Be											B	C	N	O	F	Ne
3	Na	Mg											Al	Si	P	S	Cl	Ar
4	K	Ca	Sc	Ti	V	Cr	Mn	Fe	Co	Ni	Cu	Zn	Ga	Ge	As	Se	Br	Kr
5	Rb	Sr	Y	Zr	Nb	Mo	Tc	Ru	Rh	Pd	Ag	Cd	In	Sn	Sb	Te	I	Xe
6	Cs	Ba	ランタノイド	Hf	Ta	W	Re	Os	Ir	Pt	Au	Hg	Tl	Pb	Bi	Po	At	Rn
7	Fr	Ra	アクチノイド	Rf	Db	Sg	Bh	Hs	Mt	Ds	Rg	Cn	Nh	Fl	Mc	Lv	Ts	Og

レアメタル
レアアース（レアメタルに含まれる）

ランタノイド	La	Ce	Pr	Nd	Pm	Sm	Eu	Gd	Tb	Dy	Ho	Er	Tm	Yb	Lu
アクチノイド	Ac	Th	Pa	U	Np	Pu	Am	Cm	Bk	Cf	Es	Fm	Md	No	Lr

2020年10月現在の経済産業省「レアメタル」の定義による

スマートフォンを始め、現代の電子機器は極限まで小さくなっています。そんな中でモーターやスピーカーや磁気素子を働かせようとしたら、磁石も極限まで小さくならなければなりません。小さくても十分に電子機器の能力を担うためには「強力」でなければならないのです。

●7年間に100件以上の「磁石の誤飲」事故

強力な磁石はさまざまな産業分野で活躍していることがわかりますが、実は強力な磁石のため、身近なところで危険性が急増しているのです。

「**マグネットボール**」をご存知でしょうか。これはおもちゃとして販売されていた球体の磁石のことです。大きさは1個3mm ～ 30mmほどで、小さいものなら200個～ 1000個ぐらいのセットで売られています。マグネットボールを数珠つなぎにして、さまざまな幾何学模様をつくったり、立方体をつくったり、レゴブロックのようにクレーンや建物をつくりだすこともできます。

このマグネットボールの正体は史上最強の「ネオジム磁石」なのです。もし、幼児がこの強力磁石を飲み込んでしまったら、どうなるでしょうか。とくに怖いのは、3mmや5mmの小さい磁石を2つ以上飲み込んだ場合です。磁石が細い腸管の2か所で引き合ってくっついてしまいます。その結果として起きるのは腸閉塞、腸管破裂です。

図3－1－4の絵を見てもおわかりのように、ネオジム磁石は指の両端に置いても互いに離れないほど強力です。

実際、2018年には幼児が複数のマグネットボールを間違って飲み込んでしまい、消化管に孔があいた（穿孔）ため開腹手術をしたという報告が国民生活センターにされています。このような磁石の誤飲事故は2010年12月～ 2018年3月の期間だけで124件も起き

図 3-1-4 ● 指の両端にピタリとついた磁石

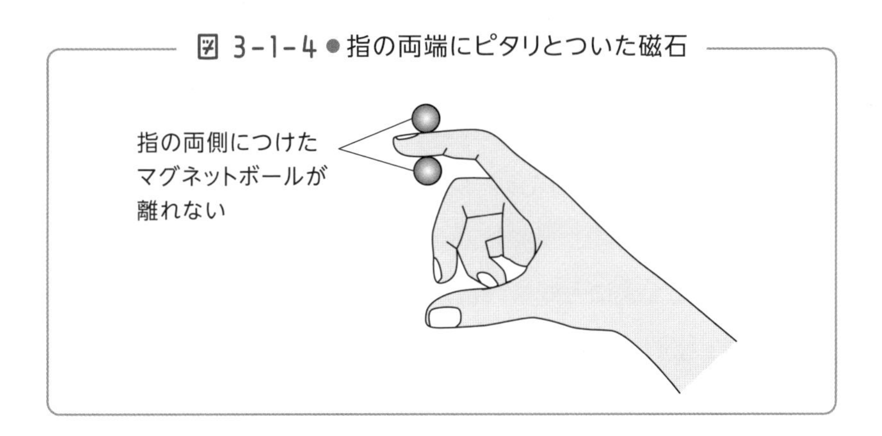

図 3-1-5 ● 消化管などに孔のあく事故が続出している

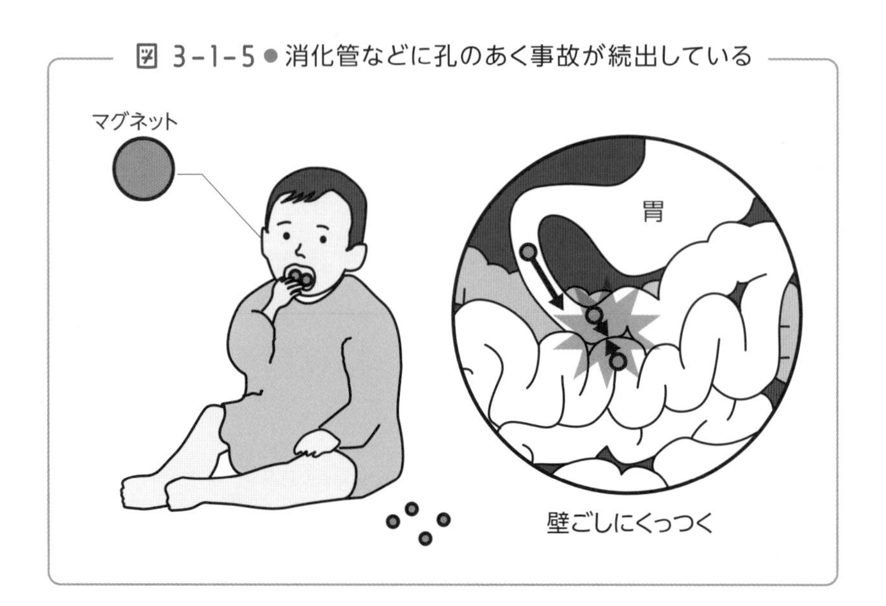

ています。

なお、本書執筆中の2023年5月16日、経済産業省は複数個の磁石を用いたマグネットボール（セット）の販売を規制する方針を発表しました。今後は「子ども向け」としていないマグネットボールも販売できなくなりそうです。

このように磁石による事故は決して他人事ではなく、どの家庭でも起こりえることなのです。「うちにはマグネットはないから大丈夫」という場合でも、おかあさんの磁気ネックレスの糸が切れたなら、バラバラに飛び散ったビーズは1つ残らず回収しておきたいものです。

このことは、大人にも同じことがいえます。たとえば、ペースメーカーが埋め込まれている人の場合、心臓と腸が綱引きを起こしたらどういうことになるか、想像がつくでしょう。

誤飲で電解液が体を溶かす

―― 電池

私たちのまわりには磁石だけでなく、**電池**もあふれています。電池とは、乾電池のことだけではありません。乾電池のように電力を供給するだけの電池を一次電池、自動車のバッテリーやニッカド電池のように充電することのできる電池（蓄電池）を二次電池といいます。そして、バッテリーのように一人での持ち運びが困難な大型の電池から、補聴器に入っている超小型の電池に至るまで、実に数多くの種類があるのです。

●用途ごとにさまざまな電池が活躍

電池の種類はさまざまです。一次電池、二次電池という区別のほかに、使っている金属の種類、電解液の種類によってもさまざまです。乾電池だって単一、単四等という大きさの他に、マンガン電池、アルカリ電池の区別があります。

電池全体を見渡したら、鉛蓄電池（バッテリー）、ニッカド電池（ニッケル・カドミウム）、リチウムイオン電池、空気電池（亜鉛）、ボタン電池（銀、亜鉛）などがあり、特殊な物に太陽電池、水素燃料電池あるいは原子力電池などがあります。

鉛蓄電池は大きくて重く、およそ現代的なアイテムとはいえないのですが、構造が単純で故障が少なく、能力が安定しているという理由から、現在も広く使われています。

懐中電灯やテレビのリモコンに使われているのは家庭用に最も多く使われている乾電池ですが、乾電池にもマンガン電池とアルカリ電池があります。アルカリ電池のほうが電圧が一定しており、長時間にわたって大量の電力を取り出すことができます。空気電池という電池もあり、これは小型軽量なので補聴器などに使われ、また丸い形をしたボタン電池は腕時計などに使われています。

●待たれる「大容量の蓄電池」

電気は大変に便利なエネルギーなのですが、「貯蔵できない」という致命的な欠点があります。現在は風力や太陽光など、天気によって大きく変動する再生可能エネルギーを多用したいところですが、そのためには余剰電力を貯蔵する蓄電池が大切です。

ところが、大容量、高効率な蓄電池はまだできていません。そのため、余った電力を使って水を上方のダムに汲み上げ、位置エネルギーとして蓄える方法や、最近では電気自動車のバッテリーに蓄える方法、あるいはそれを一定地域ごとに連携して使うなどという試みがなされています。

今後は1日も早く、高性能・大容量の蓄電池が開発されることを期待したいものです。

●電池の危険性

このように電池はとても便利な道具です。しかし、この電池にも危険性が潜んでいるのです。電池の危険性には2種類あります。

❶発火の危険性

現在、能力的に最も優れた電池は**リチウムイオン電池**でしょう。しかし、リチウムイオン電池は「発熱、発火」するという重大な欠点をもっています。この電池を搭載したノートパソコンがバックパックの中で燃え上がったり、発表間もない航空機が電池火災で何回も出発地に引き返した事故はご承知の通りです。スマホのバッテリーが破裂し、足などにやけどをするといった事故も起きています。

知人の例ですが、ノートパソコンが異常に膨れ上がり、中の基板まで見えてきたのでメーカーのホームページを見てみると、バッテリー不具合による無償交換の知らせが出ていたとのこと。手持ちのスマホ、ノートパソコンなどが膨らんできたら、要注意です。

図 3-2-1●「膨れ上がった」ノートパソコン

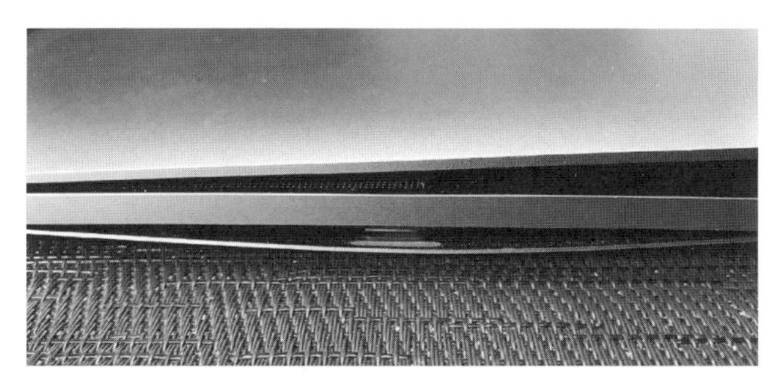

バッテリーが膨らみ、ノートパソコンのアルミ筐体が歪む

リチウムイオン電池の発火の原因は、有機溶媒を使った液体電解質にあります。そのため、現在のリチウムイオン電池に使われている液体電解質をセラミックスなどの固体電解質に換えた**全固体電池**が開発研究されています。試作品はすでに何種類も発表されていますので、本格発売も近いかもしれません。

この全固体電池が安価に生産できるようになれば、次に見るような事故の恐れはなくなるかもしれません。

❷誤飲の危険性

現在、お医者さんや消費者庁から指摘されているのは、誤飲の危険性です。赤ちゃんや幼児が床に転がっていた小型電池を間違って飲み込む事故です。

次の図3－2－2のグラフを見てもわかるように、年齢的にはなんでも口の中に入れる6か月～1歳台が多く、その多くはボタン電池です。ボタン電池には尖った部分もなく、小型のため間違って飲み込んでしまうのです。保管・放置されていた電池、おもちゃの中に入っていた電池などが誤飲として突出しています。

誤飲あるいはその疑いまで入れると、2015年～2019年までに242件もの報告があり（政府広報）、多くは軽症にとどまっているものの、気管や食道に孔があいたといった重症事故もあります。

保管・放置に関しては、幼児の手に届く範囲に置いた大人の責任と考えてよいでしょう。注意すれば防げることなのです。

もちろん、電池が便に混じって排出されればよいのですが、特定の場所に長時間停滞すると、とても危険です。それは次のような理由によります。

胃には胃液があります。胃液は塩酸HClという強力な酸が分泌されていて、金属を溶かします。電池の外装が強酸で溶けたとき、中から漏れ出すのは危険な「強アルカリ性の電解液」です。

アルカリはタンパク質を溶かします。つまり、**電池の金属が胃や腸で溶けた場合、胃や腸に孔があきます**。一刻も早く電池の場所を

図 3-2-2 ● 年齢別に見た電池の誤飲件数

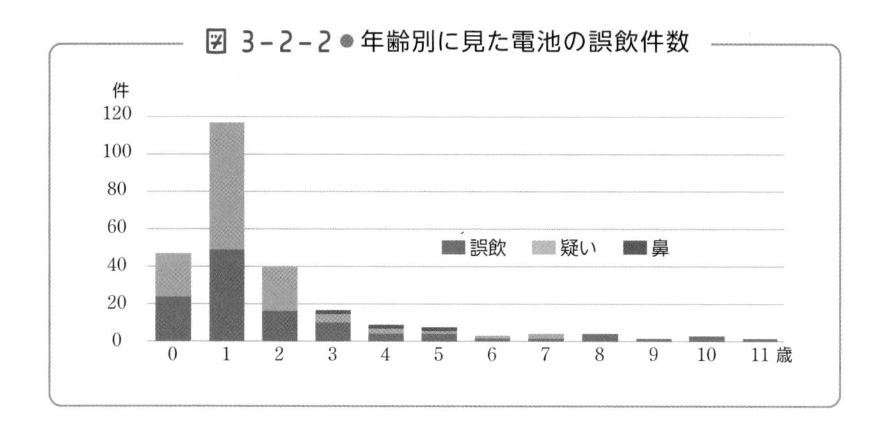

図 3-2-3 ● ボタン電池の誤飲状況

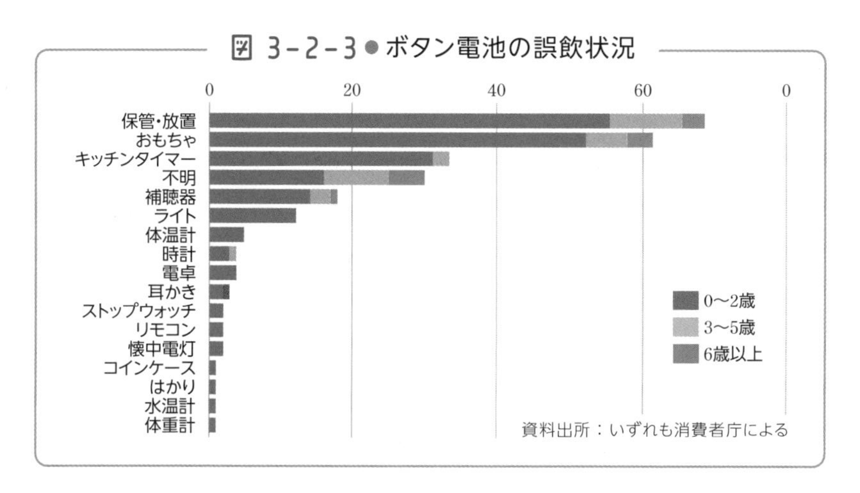

資料出所：いずれも消費者庁による

特定し、開腹手術をして電池を取り除いてやらなければなりません。

飲み込むだけでなく、鼻や耳に入れる事故も多いようです。

電池は幼児のおもちゃにも入っています。どこにでも転がっているものですが、赤ちゃんや幼児はその危険性を知らずに口に入れてしまうのです。

大人自身が電池の危険性について理解し、使用済みの電池は幼児の手の届かない場所に保管して早めに捨てるということで多くの事故は避けられるのです。

生花の何が危ないのか？タバコのホントの怖さ

——身のまわりの植物のもつ危険性

家の中を見渡してみてください。リビングであれば、サイドボードには生花、そしてタバコを吸う人の家であればテーブルには灰皿というのが定番の光景です。しかし、こんなところにも「思わぬ危険物」が潜んでいます。

●タバコの危険性

タバコの毒性は序章で見たとおりです。特にタバコに含まれるニコチンの毒性は、青酸カリの毒性を凌ぐものがあります。昔の人は「紙巻きタバコ3本で、1人殺せる」といったそうです。現代のタバコは低ニコチンにしてありますからそれほどでもないでしょうが、有害であることは間違いありません。

吸う前のタバコの取り扱いには気を付けていても、ウッカリするのが灰皿のタバコです。救急車の依頼に、「赤ちゃんが灰皿のタバコを食べてしまった」というのがあるそうです。しかし、正直なところ、この場合はそれほど危険なことではないといいます。

というのは、タバコは苦くて辛（から）いので、赤ちゃんもそれほど大量に食べたり飲み込んだりはできないからだそうです。たとえ食べたとしてもタバコの葉は乾燥しており、そこからニコチンが抽出されて出てくるまでにはタバコの葉が水に浸る時間が必要であり、それなりの時間がかかるといいます。

それよりも危険なのは、火の用心のために灰皿に水を入れて置いておくケースです。この場合、**水にニコチンが溶け込んでいる**からです。その水を飲んだら直ちに体内にニコチンが吸収されてしまいます。それこそ一刻の猶予もありません。

御自分の健康のためにも、ご家族、とくに幼児の健康のためにも、タバコはやめるのが賢明でしょう。

●生け花に「意外な危険性」？

生け花の美しさに異を唱える人はいないでしょうが、生け花の危険性を唱える人は少ないのではないでしょうか。しかし、生け花の中には危険な花がたくさんあります。

植物は敵から動いて逃げることはできませんので、我が身を守るためには自分の危険性を相手に知らせるしか手段はありません。つまり、「私を食べたらこんな目に遭うよ」と、食べた相手を苦しませるのです。このため多くの植物は毒をもっています。

❶スズランの毒

よく指摘されるのは**スズラン**（鈴蘭）です。広く重なった葉の間から出た細い軸に下がった小さいスズのような白い可憐な花には「清楚」を絵に描いたような美しさがあります。見ていると香りを嗅いでみたい誘惑に駆られます。

しかしスズランの匂いを嗅ぐのはやめておいたほうが無難です。というのは、スズランにはコンバラトキシンという猛毒が含まれているからです。この毒はフグ毒であるテトロドトキシンの15倍もの猛毒なのです。スズランを切った汁にも、さらに花粉にも毒は含まれています。

コンバラトキシン、つまりスズランの毒は特に心臓に有害です。心臓の悪い人がスズランの匂いを嗅いだときに間違って花粉を吸いこんだりすると、非常に危険です。外国での事例ですが、スズランを挿しておいたコップの水を飲んだ子どもが亡くなった事件もあります。

高齢の人の誕生日のお祝いにスズランの花束をプレゼントして暗殺する、というストーリーは推理小説にもできそうです。少なくとも殺意をごまかすことは可能でしょう。

❷トリカブトの毒

トリカブト（鳥兜）は濃い青色の美しい花をつけます。かつては猛毒として怖れられたトリカブトなのですが、今では園芸植物として園芸店に並べられています。「園芸植物」と名札は変えていても、日本最強の毒草であることに変わりはありません。

トリカブトは花粉から根の先まで、あらゆるところにアコニチンという猛毒を蓄えています。

狩猟民族は弓矢で獲物を狩りますが、弓矢の威力などたいしたものではありません。矢がお尻に当たったくらいでは小鹿だって矢を付けたまま森に逃げ込んでしまうでしょう。そこで使われたのが「毒」です。彼らは自分たちの知っている中で最強の毒を「ヤドク」として弓矢の先に塗ります。

日本の狩猟民族アイヌが使うヤドクはトリカブトです。アイヌ最大のお祭りはイヨマンテであり、これは神の遣いとして人間世界に遣わされた小熊を神の元に返す行事ですが、このとき使われる毒もトリカブト毒です。

1986年に起こった「トリカブト保険金殺人事件」として知られる事件はこの園芸用トリカブトを使った事件でした。

図 3-3-1●毒をもつ植物とその特徴

名前	毒の部分	毒の名前	
スズラン	植物体の全体	コンパラトキシン	心臓病の老人は特に注意
トリカブト	植物体の全体	アコニチン	秋に紫色の美しい花を咲かせる
ヒガンバナ	鱗茎、芽など	リコリン	墓地、田のあぜ道
キョウチクトウ	植物体全体。植えてある土壌も	オレアンドリン	街路に多く、夏に赤や白の花をつける
シキミ(樒)	全体	アニサチン	お墓参りで使われる
トウゴマ	種	リシン	ヒマシ油が採れる

❸キョウチクトウの毒

キョウチクトウ（夾竹桃）は街路樹としてあちこちに植えられていますが、これほど毒性の強い植物もない、といわれる強毒です。主な毒成分はオレアンドリンですが、フランスではバーベキューでこの木の枝に挿した肉を焼いて食べた人が亡くなっています。また、この枯枝を焼いた煙にも、さらには根を広げた土地にも毒成分が浸透するほど毒性の強い植物です。

公園に美しい花が咲いているといって、キョウチクトウを一枝折って家に持ち帰り、生け花にしておくと、とても危険です。なぜ、こんなに危険な植物を街路樹として植えているのかというと、原爆記念だといわれています。

1945年、原爆投下後の惨状下で、「今後70年間広島に草木が生えることはないだろう」といわれたという話がありますが、草木は強いものです。中でも真っ先に復活したのがキョウチクトウであり、その姿は広島の人々に勇気と希望を与えたといいます。

もうひとつ、キョウチクトウが排気ガスに強いこともあって、街路樹として街のあちらこちらにキョウチクトウが植えられることになったとされています。

❹トウゴマの毒

トウゴマは木本性の花で、生け花にも使われます。特に直径1cmほどの種にはウズラの卵状の美しい模様があります。トウゴマを知らなくても、ヒマシ油といえば聞いたことがあるでしょう。トウゴマの種子から採れる油がヒマシ油で、医療用、機械用として世界で年産百万トン程度も生産されているようです。

ところが、トウゴマのもうひとつの特徴は、このトウゴマから採れるタンパク毒のリシンで、植物中最強の毒であることです。リシン1分子で1個の細胞を殺すといいますから半端ではありません。

暗殺にも使われ、時折、リシンが政府の要人に郵送されたなどというニュースが新聞に載ります。

このような危険なトウゴマの種が百万トン以上も生産されているのですから、インド、中国、ブラジルなどの生産現地は危険がいっぱいのように感じますが、そうでもないようです。というのは、リシン油を採るときには種を加熱するのですが、リシン毒はタンパク毒なので、ナマ卵がゆで卵になるように、熱変性して無毒になるのだそうです。

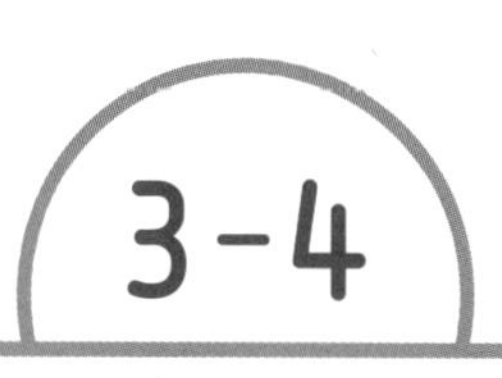

毒入り合成酒、毒入りワイン

―― お酒にまつわる危険性

夜、リビングでテレビを見ながらウイスキーやビール、日本酒を楽しむ人も多いことでしょう。

お酒はおいしくて楽しい飲み物ですが、タバコと同様、危険性を孕（はら）んでいることは間違いのない事実です。大学の入学シーズンの4月から6月にかけて、新入性歓迎会でお酒に慣れていない新入生が一気飲みをやって救急車で搬送される、という事件がときどき起きます。

お酒を飲むと急性アルコール中毒になり、度を越すと命にかかわりますが、そこまでいかなくても二日酔いになって苦しむことは多くの人が経験済みでしょう。お酒に含まれているアルコール分はエタノールCH_3CH_2OHであり、それによる二日酔いのメカニズムは次節で見ることにします。

なお、「中高生の喫煙及び飲酒行動に関する全国調査」（国立保健医療科学院、2017年）によれば、飲酒経験者率は、中学生男子が17.1％、女子が15.3％で、高校生男子が30.3％、女子が28.5％でした。この数字は前回調査（2014年）に比べると、男女、各学年共に減少したようですが、想像以上に未成年者の飲酒経験が多いことに驚かされます。

図 3-4-1 ●「適度な飲酒量」(1日純アルコール量20g)の換算目安

お酒の糧類	ビール	清酒	ウイスキー ブランデー	焼酎	ワイン
基準	中瓶1本 500ml	1合 180ml	ダブル 60ml	1合 180ml	1杯 120ml
アルコール度数	5%	15%	43%	35%	12%
純アルコール量	20g	22g	20g	50g	12g

資料出所：厚生労働省

●メタノール入り合成酒

インド、ロシアなどでは、エタノールではなく、**メタノール** CH_3OHによる中毒事件が報じられることがあります。インドでは裕福な家庭の結婚式というと数日間の酒宴が設けられ、道行く人まで宴に招待されることもあると聞きます。そのような中で事件は起こるようです。

最近の日本では、メタノール中毒は殺人事件でもなければ耳にすることはありませんが、戦後間もない日本ではメチル中毒（昔、メタノールはメチルアルコールと呼ばれました）はよく聞く言葉だったのです。**メタノールの毒はギ酸によるもので、失明、さらには死亡に至ることもあります**。

お酒に含まれるアルコールであるエタノールには酒税が掛かりますが、メタノールのほうは毒物であり、工業用にしか使えないためか酒税が掛かりません。それだけにメタノールは安価であり、しかも酔ったときには、エタノールかメタノールかの区別がつかなくなるようです。「メタノールは毒」とはっきり覚えておいてください。

●毒物リキュール

お酒に薬草や果実、毒物などを漬け込んだ飲み物を**リキュール**と呼んでいます。梅酒やマムシ酒などはよく知られています。そう考えると、お屠蘇(とそ)もリキュールの1つなのでしょうが、屠蘇散という薬草の粉末を一昼夜ほど漬けただけですから、リキュールのインスタント版といったところかもしれません。

動物を漬けたお酒としては、マムシを漬けたマムシ酒、ハブを漬けたハブ酒が有名です。学生時代、友人の下宿のおじさんが山でマムシを捕まえ、マムシ酒にするため、空の一升瓶に入れておいたそうです。一升瓶に入れるのは、排泄させてから焼酎を入れるためと聞いています。

このようにしてマムシの毒を抽出したお酒を飲んで、はたして大丈夫なのかと気になります。たぶん大丈夫でしょう。というのはマムシの毒はタンパク毒だからです。

タンパク質は熱やエタノールを含むある種の化学薬品で立体構造を不可逆的に変化して変性し、毒性を失います。

ただし、焼酎をかけてもすぐに変性するわけではありません。虫歯の人、胃潰瘍の人などが、変性が不十分なマムシ酒を飲んだ場合、マムシに噛まれたのと同じことになります。たとえ毒性が消えていたとしても、栄養価や強精効果があるかどうかは怪しいものです。

●ジエチレングリコール事件

お酒はブドウ糖を酵母によってアルコール発酵してつくられます。ブドウのように果実内にブドウ糖をもっている場合はそのままブドウ糖を原料にエタノールをつくることができます。しかし、米や麦のような穀物にはデンプンしかありません。そこであらかじめ麹を使ってデンプンをブドウ糖に分解した後、そのブドウ糖を発酵してエタノールをつくります。

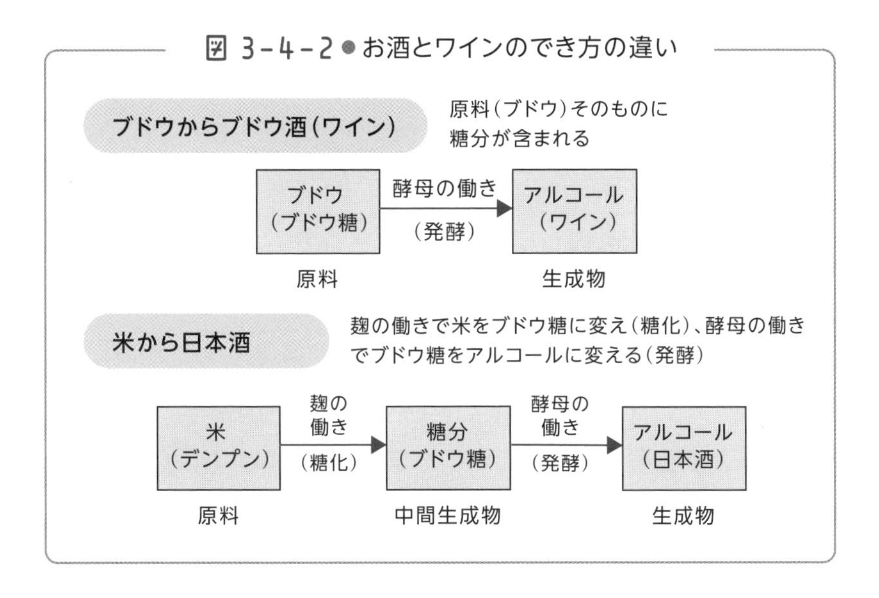

図 3-4-2 ● お酒とワインのでき方の違い

ところで、そのようにしてつくったお酒も、製品として出荷するまでにはさまざまな添加物が加えられます。その添加物が法的に認められる範囲内であればよいのですが、時にそれを逸脱する行為が行なわれます。

1985年頃、オーストリアでワインに違法の**ジエチレングリコール**$HOCH_2CH_2OCH_2CH_2OH$を混ぜたものがつくられました。それを輸入した日本の業者が「国産ワイン」と偽って売り出したため、オーストリアと日本で二重に違法行為が加えられたワインが明るみに出て、大きな社会問題となりました。

ジエチレングリコールは自動車の不凍剤の原料としても用いられる液体で、粘稠性と甘味があります。そのためワインに適量混ぜると品質が向上したように感じる効果がある、というのです。

しかし、体には有害です。**中毒症状としては吐き気、嘔吐、頭痛、下痢、腹痛があり、大量のジエチレングリコールが体内に入ると腎臓、心臓、神経系に影響を及ぼします**。人に対する経口致死量（LD_{50}：半数致死量）は体重1kgあたり1gとされています。

中毒例は多く、1996年にはハイチでシロップに使ったグリセリンにジエチレングリコールが混入されて88人が亡くなり、2006年にはパナマで咳止めのシロップに混ぜられていた事件で34人が亡くなっています。

幸いなことにオーストリア産の違法ワインによる犠牲者はなかったようですが、ワインによっては1本で致死量を超えるジエチレングリコールを含む物もあったといいますから、事件が明らかにならずに進行すると犠牲者が出た可能性もあります。

楽しく、おしゃれな時間を約束してくれるはずのワインですが、怪しげなものには手を出さないのがいいと思います。

3-5 メタノールの怖さは劇物・毒物を生むこと

――アルコール類の毒性のしくみ

前節でお酒の危険性について述べましたが、ここではなぜお酒が人体に危険なのかを「化学」の立場から説明しておきましょう。もし、化学嫌いの人がいれば次節に進んでいただいてかまいませんが、少しメカニズムを知っておくと、お酒を飲んだときのように気分がよくなるかもしれません。

●エタノールの毒性はどこに？

エタノールCH_3CH_2OHが体内に入ると、アルコール酸化酵素が働いてエタノールを**アセトアルデヒド**CH_3CHOという物質に変えます。この**アセトアルデヒドは有害物質で、二日酔いの原因物質**です。しかし、ふつうはすぐにアルデヒド酸化酵素が働いて無害の酢酸CH_3COOHにしてくれます。

その後、さらに酸化されて二酸化炭素CO_2と水H_2Oになり、すべては煙と水に消えてしまう、ということです。

ところが、ここに問題があります。それはアルデヒド酸化酵素の量は遺伝的に決まっており、酵素の量が少ない人が無理にお酒を飲むと悲惨なことになる点です。弱い人に無理強いをしてはいけない、ということになります。

●メタノールの毒性

メタノールCH_3OHはエタノールと構造が似ているだけに、反応生成物の構造もエタノールの場合と似ています。このためか、昔の悪徳商人はお酒と偽ってメタノールを使った合成酒を客に出したといいます。これを飲んだ人はまず目をやられ、さらに飲むと命を落としたといいます。①目、②命という順番には、実は化学的な裏付けがあるのです。

メタノールが体内に入ると、アルコール酸化酵素によって酸化されて**ホルムアルデヒド**HCHOとなります。これはエタノールのときと同じです。ところが、さらに酸化されると酢酸ではなく、ギ酸HCOOHとなるのです。

図 3-5-1●メタノールからは劇物、毒物が生まれる

エタノール ➡ アセトアルデヒド ➡ 酢酸 ➡ 水＋二酸化炭素

メタノール ➡ **ホルムアルデヒド**（劇物） ➡ **ギ酸**（毒物）

エタノールからの「アセトアルデヒド、酢酸」はただの「危険物」のレベルにすぎませんが、メタノールからの「ホルムアルデヒド、ギ酸」は毒性が圧倒的に強いのです。

その**ホルムアルデヒドは「劇物」に指定**されるほどで、その30％水溶液が**ホルマリン**です。ホルマリンにはタンパク質を硬化、変性する作用があります。また**ギ酸は「毒物」に指定**されています。

このような劇物、毒物が体内に発生したのでは生体はたまったものではありません。

●メタノールの「目」に対する有害性

メタノールを飲むと、最初に目をやられるというのはなぜでしょうか。それは次の理由によります。

目の視細胞にはレチナールと呼ばれる分子が入っています。これに光が当たると分子構造が、曲がった構造のシス体と呼ばれる物質から直線状のトランス体に変化します。

図 3-5-2 ● 視細胞に光が入ると、分子の「型」が変わる

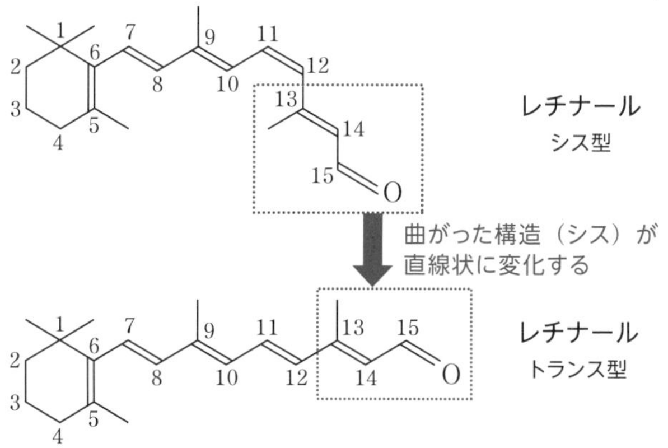

レチナール
シス型

曲がった構造（シス）が直線状に変化する

レチナール
トランス型

この構造変化を周囲のタンパク質が感知し、その情報を視覚細胞に送り、それが脳に伝達されることによって脳は「光が来た！」ということを意識するのです。

このレチナールはビタミンAを酸化することによって生成します。また、ビタミンAは黄緑色野菜に含まれるカロテンを酸化すること

図 3-5-3●ビタミンAはカロテンの酸化（切断）で生まれる

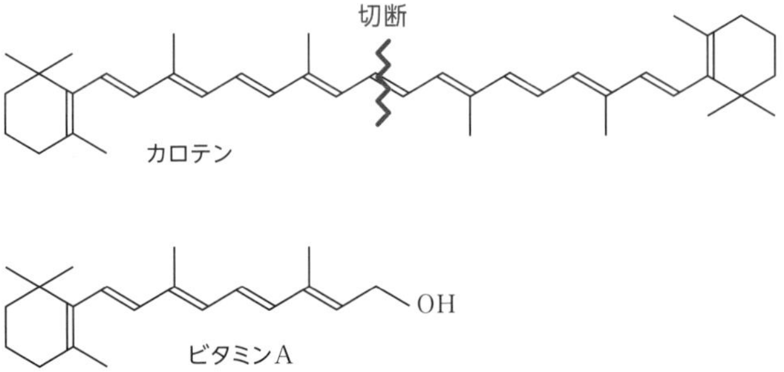

切断
カロテン
OH
ビタミンA

によって生成します。

以上のような理由によって、目の周囲には物質を酸化する働きのある酸化酵素がたくさん存在します。

そんな場所に血流によってメタノールが運ばれてくると、**まず目の周囲で酸化反応が起きる**ことになります。このためメタノールを飲むと、まず目の周囲で酸化反応が進行し、ホルムアルデヒド、ギ酸が生成し、それらの強力な劇物、毒物によって目がやられるわけです。

もちろん、それ以上飲めば被害は目の周囲に留まらず、肝臓を経由して全身に広がり、命を失うことになります。終戦後の日本ではいわゆる闇市（やみいち）でバクダンという名前でメタノール入りの酒が出され、犠牲者が出たといいます。

ところが2022年9月には、同じようなメタノール入りの酒を用いた殺人事件が起こっています。

また、海外では2021年にロシア各地で燃料用メタノールを含んだ「偽ウォッカ」が販売され、70人以上が死亡したという事件も起きています。

動機はそれぞれ異なるのでしょうが、歴史は繰り返すということかもしれません。

きけんぶつのかがくの窓

アルコールといえばエタノール

有機化合物で、炭素にヒドロキシ基 $-OH$ が着いたものを一般に**アルコール**といいます。アルコールの中でもっともよく知られ、一般的なのはエタノール CH_3CH_2OH なので、一般にアルコールといえばエタノールを指すものと思われています。

エタノールはブドウ糖のアルコール発酵や化学合成で作られます。発酵で作った水の混じったエタノールを蒸留すれば純粋エタノールが得られそうなものですが、エタノールは特殊な液体で、蒸留によって水と分離することはできないのです。

蒸留しただけのエタノールには、重量で7%ほどの水が必ず着いてきます。ふつうに「エタノール」といった場合、この水を含んだエタノール（**含水エタノール**）のことを指します。含水エタノールから特殊な方法で水を除いたエタノールが「**無水エタノール**」です。

エタノール（含水エタノール）も無水エタノールもお酒として飲むことができるので酒税がかかり、その分、高価になります。そこで、工業用に使うエタノールには2－プロパノールなどの不純物を加えてお酒として飲めないようにし、酒税が免除されています。これを**変性エタノール**といいます。

注射を打つときに腕を拭く「消毒用エタノール」は、この変性エタノールの一種です。エタノールの含有量はいろいろあるので、病院で用途に応じて選んでいます。

3-6 残留ホルムアルデヒドが原因だった
——シックハウス症候群

せっかく新築の家に移ったばかりなのに、目がかゆい、チクチクする、鼻がムズムズする、声がかすれる、顔が乾燥して赤くなる、頭がカサつく、かゆい、吐き気がするなどの症状が続出し、病院に行っても病名もわからず、原因も不明……。

このような症状をもつ人が日本中で現れた時期がありました。原因不明のまま**シックハウス症候群**と名づけられたのです。

図 3-6-1● シックハウス症候群の相談件数の推移

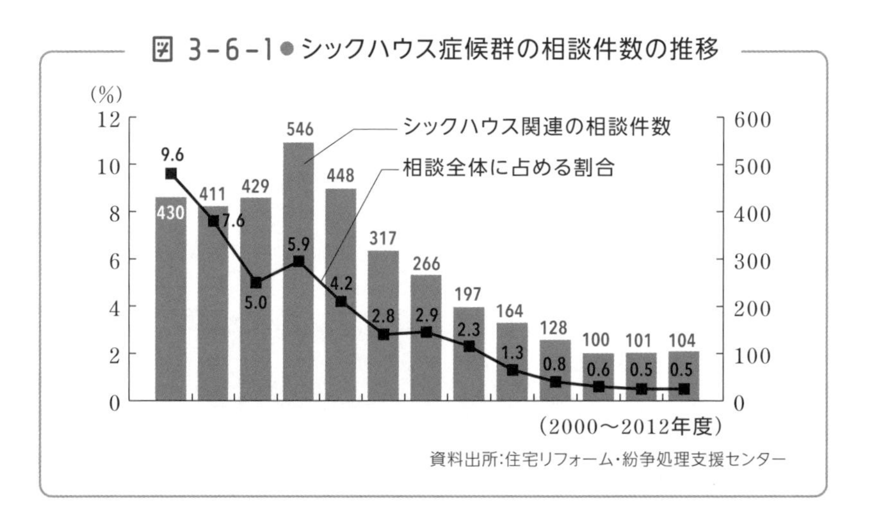

資料出所:住宅リフォーム・紛争処理支援センター

●ホルマリン漬けの標本

その後、多くの関係者の努力によって明らかになった原因物質が、前節で見たホルムアルデヒドHCHOでした。「ホルムアルデヒド」は、一般に知られている名前でも物質でもありません。

しかし、似た名前は聞いたことがあるでしょう。理科実験室の前の戸棚にあった､ガラス製の広口瓶の中に入っているものです。「ホルマリン漬け標本」と書かれ、白くなったガマガエルや蛇が透明な液体に漬けられた不気味な標本です。あの透明な液体がホルマリンで、それは前節でも述べたとおり、ホルムアルデヒドの30%程度の水溶液なのです。

標本の動物は長く置いても腐敗することはありませんが、では生きていたときのやわらかさを保っているかというと、そんなことはありません。取り出して触ってみると皮膚は硬くて弾力もなく硬化していて、関節も硬く固まったままです。

このように**ホルムアルデヒドにはタンパク質を硬化・変性し、タンパク質としての性質も機能も喪失させる働きがあります**。そのためホルムアルデヒドは危険な劇薬に指定されているのです。

●熱硬化性樹脂

では、ホルムアルデヒドという危険な物質がなぜ、新築の家に存在したのでしょうか。

それは高分子（プラスチック）でつくられた建材のせいです。プラスチックは大きく2種類に分けることができます。ふつうのプラスチックの熱可塑（かそ）性高分子と、特殊なプラスチックの熱硬化性高分子です。

ふつうのプラスチックは小さくて単純な構造の単位分子が何千個も繋がった長い分子であり、その構造は鎖に似ています。鎖の輪の

1個1個が単位分子です。この長い紐状の分子がもつれ合って塊になったものが「ふつうのプラスチック」です。

ですから加熱すると長い鎖が熱振動によって動き出し、プラスチックは軟らかくなり、やがて融けてドロドロの液体になります。このように熱で軟らかくなり、形を変えるプラスチックを**熱可塑性高分子**といいます。

しかしプラスチックの中には熱しても軟らかくならず、無理に加熱すると木材のように焦げてしまうものもあります。熱に強いのでプラスチック製のお椀、鍋の取っ手、電気のコンセントなどに使われます。

このようなプラスチックの構造は紐状ではなく、無数の単位分子のすべてが3次元に連なった巨大な立体構造をしています。まるで、1個のプラスチック製品がそのまま1個の分子のような状態です。ですから、加熱されても変形することができないのです。このようなプラスチックのことを**熱硬化性高分子**といいます。

●熱硬化性高分子の原料

熱硬化性高分子にはフェノール樹脂、ウレア樹脂、メラミン樹脂などの種類があり、多くの種類ではもう1つの原料としてホルムアルデヒドを用います。

本来、原料のホルムアルデヒドは化学反応によってフェノール樹脂やメラミン樹脂に変わってしまい、製品になってしまえば元の危険な劇物のホルムアルデヒドの性質を失ってしまうはず、なのです。つまり有毒なホルムアルデヒドは完全に変質して無毒になっているはず、なのです。

しかし、化学反応が100%進行することはありません。つまり、1ppm（100万分の1）とか、1ppb（10億分の1）などの微量ではあっても、原料の形で残るのが化学反応の実際なのです。

この残った**ホルムアルデヒドが製品の熱硬化性樹脂から漏れ出して空気に混じったのが「シックハウス症候群の原因」になった**というわけです。

図 3-6-2 ● シックハウスの原因と対策

対策の基本は、①汚染の発生・流入を抑える、②換気により速やかに希釈・排出・排除を図る。

	ホルムアルデヒド	SVOC※	ダニ	カビ	高湿度
原因	建材・薬剤・家具等からの揮発	可塑剤、難燃剤等	ダニの虫体（死骸）、フン	菌糸、胞子	雨水、外気、空調、結露水、気密化
対策	清掃・空気清浄				水分発生の 抑制・過剰な水分の排泄、室内・室間の温度差縮小、被害を出さない配慮
	発生源規制、排出の促進（換気）	材料選択、接触防止	ダニ除去アレルゲン除去	結露防止、薬剤防黴	

※SVOC：半揮発性有機化合物（Semi Volatile Organic Compounds）。アルデヒドよりも沸点が高く、吸着性の高い可塑剤

資料出所：厚生労働省「科学的エビデンスに基づく新シックハウス症候群に関する相談と対策マニュアル改訂新版」

しかも、熱硬化性樹脂はプラスチック製品だけでなく、接着剤にも使われ、ベニヤ板などの合板にも使われています。これらに含まれる**残留ホルムアルデヒド**は、製品が古くなれば空気中に出尽くしてしまい、その後は悪さをしなくなります。そのため、古い家に住む限りは問題ありません。

しかし、新築の家ではプラスチックも新しいので、残留ホルムアルデヒドが盛んに出ていた、というのが原因だったのです。

しかし現在では、製造法が改良されて残留ホルムアルデヒド濃度も低くなり、また、ホルムアルデヒドを使わない製法も開発されています。そのおかげで、最近ではシックハウス症候群という言葉も聞かなくなったように思います。

第4章

薬品・化粧品の危険物

サプリより「腹八分目＋運動」

―― ダイエット剤

ここ数十年で、現代人の美意識は大きく変わってしまったように見えます。たとえば1960年代に最も人気のあったマリリン・モンローは、今では「ふくよか」といわれるかもしれませんし、印象派の画家ルノアールの描いた一連の美女は「肥満」といわれてしまいそうです。

逆に、現代の美人モデルを100年前に連れて行けば「栄養不良で、病的にやせている」といわれかねません。現代は肥満恐怖、痩身歓迎という、歴史的に見ればとても変わった価値観の中にいるのではないでしょうか。

それはともかく、明らかな肥満は成人病の原因になるためか、世の中は押しなべてダイエットブームです。

●BMIの値

医学的に肥満かどうかを判定するには「**BMI値**」（ボディマス指数）を用います。これはベルギーの統計学者アドルフ・ケトレー(1796～1874)によって考え出された指標で、体重(kg)を身長(m)の2乗で割った値のことです。体重78kg、身長1.7mの人(私の場合)ならBMI$=78/1.7^2=26.99$となります。

肥満かどうかは民族、人種によって変わりますが、日本肥満学会の判定基準によれば、日本人の標準はBMI = 18.5 ～ 25となっていますから、私は軽い肥満（肥満度1）となります。身長155cmの女性なら、体重60kg以下ならBMI = 24.97でBMI = 25以下であり、かろうじて「適正体重」の範囲内といえるでしょう。

しかし現代人、特に若い女性の場合、これより低い体重に憧れているようです（BMI = 22とすると、52.8kg）。基本的には、**肥満は摂取するカロリーと消費するカロリーの2つで決まる**ものですか

図 4-1-1 ● WHO（上）と日本肥満学会（下）のBMIの基準

状態	BMIの指標	
やせすぎ	16.00未満	低体重（18.50未満）
やせ（中度のやせ）	16.00以上～ 17.00未満	
やせぎみ（軽度のやせ）	17.00以上～ 18.50未満	
普通体重	18.50以上～ 25.00未満	標準
過体重（前肥満）	25.00以上～ 30.00未満	太り気味（25.00以上）
肥満（1度）	30.00以上～ 35.00未満	肥満（30.00以上）
肥満（2度）	35.00以上～ 40.00未満	
肥満（3度）	40.00未満	

状態	BMIの指標	
低体重	18.50未満	低体重
普通体重	18.50以上～ 25.00未満	標準
肥満（1度）	25.00以上～ 30.00未満	肥満
肥満（2度）	30.00以上～ 35.00未満	
肥満（3度）	35.00以上～ 40.00未満	高度肥満
肥満（4度）	40.00以上	

ら、体重を落とすためには摂取量を減らし、消費量を増やすという極めて当たり前の方法で達成できるはずです。簡単にいえば、腹八分目にして運動するということです。

●ダイエット剤の機能を見ると

しかし節食と運動ではなく、薬剤によって体重を落とそうと考える人もいるようです。現代の薬剤は優れています。風邪を引けば風邪薬があり、頭痛がすれば頭痛薬があります。お腹をこわせば下痢止めがあり、便秘になれば便秘薬があります。

これでは肥満になったら「肥満止め」を飲めばよい、やせたいと思ったら「やせ薬」を飲めばよいと思うのも当然かもしれません。このため、薬局では肥満止め、やせ薬、ダイエット剤が売れるということになります。

一般にダイエット剤といわれる薬には3種類あります。食欲抑制剤、脂肪吸収抑制剤、糖質吸収抑制剤です。それぞれの機能は次のような違いがあります。

❶食欲抑制剤：食欲を支配する神経に働いて食欲を抑制する働き。食べるのを我慢できない人向け

❷脂肪吸収抑制剤：食事に含まれる余分な油分を排出する働き。油分の多い食べ物が好きな人向け

❸糖質吸収抑制剤：血糖値の上昇を抑制して、やせやすい体にする働き。糖質の多い食べ物が好きな人向け

●ダイエット剤の危険性

今の時代、ネットで探せばたいていの医薬品は見つかります。国

内で適当な薬剤がない場合には、外国から直接取り寄せることもできます。ということで、一時、中国製のダイエット剤が話題になったことがありました。しかしその中には効果がないどころか、強い**副作用**をもつものもあり、事故も後を絶ちませんでした。

2002年には中国製ダイエット食品に含まれたN－ニトロソフェンフルラミンで3人が死亡し、45人が1週間以上の入院をするという事件が起こりました。また、2005年には同じく中国製ダイエット食品から有害物質のマジンドールとシブトラミンが検出され、それとの関係が疑われる死亡例と入院例が報告されています。

このような明らかな事故に至った例だけでなく、**まったく効果がないとか、健康を害してしまった人など**がたくさんいるのではないでしょうか。

その結果、体重を落とすという意欲を失ったとか、リバウンドなどでダイエット前の状態、あるいはそれに輪を掛けた状態に戻った人もいるかもしれません

結局ダイエットのためには薬に頼るのではなく、自己努力をするのが一番良いということになりそうです。そのような努力としてお勧めなのは、

・腹八分目に抑える
・フロアの昇降にはエレベータではなく階段を使う
・早歩きする
・1駅前で降りて歩く

もし自己努力ができない場合には、最後は信頼できる栄養士の先生を見つけ、その栄養士の助言と指導に忠実に従って努力するしかなさそうです。

4-2 薬も過剰なら毒になる

――ビタミン過剰性

医薬品は病気を治し、体を健康に導いてくれます。しかし、場合によっては健康を害することもあります。そのような例としてよく知られているのが薬剤の副作用です。その他にも、適用量よりたくさん服用した、あるいは特定の薬を一緒に飲んだ、というような例もあります。

●ビタミン過剰症には要注意！

一般に「毒も薬も匙(さじ)加減」といわれるように、医薬品を服用する際は服用量を守ることが大切です。なぜなら、医薬品は毒物の一種といってよいものだからです。**少量飲むからこそ「薬」になるのであって、大量に飲めば多くの場合は「毒」**となって命を失います。漢方薬のトリカブトがよい例です。少量飲むから強心剤として効くのであり、たくさん飲めば猛毒となって直ちに命を失います。

そんなことは誰しも知っていることなのですが、個人的な判断で「たくさん飲めば効果も高いだろう」と考え、定められた使用法よりも多く飲んでしまったりします。

意外に多いのがビタミン剤です。ビタミン剤は薬剤なのか、それとも食品の一部なのか判然としない面がありますが、安全な食品であっても食べすぎれば下痢をすることがあるように、健康によいビタミンも摂り過ぎると健康を害することがあります。

ビタミン不足（ビタミン欠乏症）の症状はよく知られていますが、**ビタミン過剰症**はあまり知られていません。しかしビタミンを過剰に摂るとビタミン過剰症になります。

水溶性のビタミンBやCは、多少過剰に摂っても尿として体外に流れ出てくれますが、脂溶性ビタミンのAやDを摂り過ぎると体内に溜まり、それが肝臓に蓄積して中毒症状を起こすことがあります。**ビタミンといえども、摂取のしすぎは危険**です。

図4-2-1●ビタミンの種類

<table>
<tr><td rowspan="4">脂溶性ビタミン</td><td>ビタミンA</td><td colspan="2">レチノール、B-カロテン、α-カロテン、β-クリプトキサンチンなど</td></tr>
<tr><td>ビタミンD</td><td colspan="2">エルゴカルシフェロール、コレカルシフェロール</td></tr>
<tr><td>ビタミンE</td><td colspan="2">トコフェロール、トコトリエノール</td></tr>
<tr><td>ビタミンK</td><td colspan="2">フィロキノン、メナキノンの2つのナフトキノン誘導体</td></tr>
<tr><td rowspan="9">水溶性ビタミン</td><td rowspan="8">ビタミンB群</td><td>ビタミンB_1</td><td>チアミン</td></tr>
<tr><td>ビタミンB_2</td><td>リボフラビン、ラクトフラビンともいう</td></tr>
<tr><td>ビタミンB_3</td><td>ナイアシンともいう</td></tr>
<tr><td>ビタミンB_5</td><td>パントテン酸と呼ばれることが多い</td></tr>
<tr><td>ビタミンB_6</td><td>ビリドキサ ール、ビリドキサミン、ビリドキシンなどに分類される</td></tr>
<tr><td>ビタミンB_7</td><td>ビオチン、ビタミンH（古い呼び方）ともいう</td></tr>
<tr><td>ビタミンB_9</td><td>葉酸と呼ばれることが多い。ビタミンMともいう</td></tr>
<tr><td>ビタミンB_{12}</td><td>シアノコバラミン、メチルコバラミン、ヒドロキソコバラミン</td></tr>
<tr><td>ビタミンC</td><td colspan="2">アスコルビン酸</td></tr>
</table>

●脂溶性ビタミンの過剰症

脂溶性ビタミンであるビタミンAを過剰に摂った場合には、慢性の中毒症状としては体重の減少、めまい、不安感、鼻血などがみられます。急性の中毒症状としては頭痛、嘔吐（おうと）、脱力、嗜眠（しみん）（光熱などによって眠ったような状態になること）などの重篤な症状を起こします。ただちに服用を中止すべきです。

同様に脂溶性ビタミンDを過剰に摂ると、初期症状としては食欲不振、口のかわき、倦怠感、頭痛などですが、やがて悪心（おしん）、嘔吐、下痢が起こります。重度になると肺、心臓、皮膚、関節など多くの部位にカルシウムが溜まり、いろいろな病気を起こします。特に腎臓には溜まりやすく、尿路結石をつくり、尿毒症を起こす可能性もあります。

ビタミンD過剰症によるカルシウムの沈着は簡単には取れませんので、過剰服用には注意が必要です。

薬の間違った飲み方は「逆効果」！

―― 医薬品の逆効果な飲合せ

●薬の飲合せ❶――薬をお酒で飲んだら？

通常、適量だけ飲めば、薬は薬として作用し、効能書きにあるように病気を治してくれ、健康を回復してくれます。

しかし、ここに落とし穴があります。それは数種類の薬が同時に体内に入ったとき、それぞれの薬が体に対して異なる作用を同時に及ぼし、その結果、思わぬ現象を起こすのです。いわゆる**薬の飲合せ**で、その代表が「お酒との併用」です。

ご存知とは思いますが、ほとんどの薬は水または白湯（さゆ）で飲むように指定（設計）されています。

「お酒で飲む薬」といえば、お正月に飲むお屠蘇（とそ）くらいのものでしょう。現代では、お屠蘇はお正月に飲む、ただのお酒と思っているかもしれませんが、お屠蘇は本来「屠蘇散（とそさん）」と呼ばれる、中国の名医が処方した薬といわれています。それを正月に酒に浸して飲むことで、1年の邪気を払うというわけです。

「マムシ酒」「サソリ酒」などもそのような例かもしれませんが、これらの薬効の医学的裏付けはないようなので、薬とみなすわけにはいきません。

さて、一般の医薬品を水ではなく、お酒で飲んだらどうなるでしょうか。お酒は一般に胃の働きを強め、食物の吸収を促進する作用があります。当然、一緒に飲んだ薬も吸収が早まり、効果も早まります。これは過剰な薬を一気飲みしたようなものです。当然、副作用が出る可能性があります。せっかくの命を無駄遣いするようなものです。

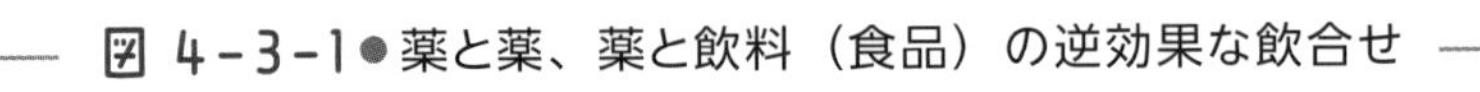
図 4-3-1●薬と薬、薬と飲料（食品）の逆効果な飲合せ

●薬の飲合せ❷――ワルファリンとアスピリン

ワルファリンという薬は、血栓の生成を妨げる効果があります。たとえば、血管に栓塞のできる病気である肺血栓、脳血栓などの予防、治療薬として用いられています。

ところが、このワルファリンをアスピリンなどの非ステロイド系の薬品と併用すると、血液本来の止血性が弱められ、出血が止まらないなど、重篤な副作用の出る恐れがあることが明らかとなっています。ワルファリンを常用する場合には医師とよく相談して、間違いのないように服用しなければなりません。

●薬の飲合せ❸――降圧剤とグレープフルーツ

よく知られているのが、高血圧の**降圧剤とグレープフルーツの飲合せ**です。

アダラート、ノルバスクなどの商品名で販売されるカルシウム拮抗剤は、血管壁にあるカルシウムチャネルの機能を阻害し、血管を拡張して血圧を下げる効果があります。適用症例として高血圧のほか、狭心症などがあります。

このようなカルシウム拮抗剤を飲んだ後にグレープフルーツなどのカンキツ類やジュース類を飲むと、**過度の血圧降下**が起こり、頭痛、目まい、動悸などが起こる可能性のあることが指摘されています。運動や自動車運転をする予定がある場合は、特に気をつけなければなりません。

●薬の飲合せ❹――胃酸分泌抑制剤と喘息の薬

市販されている胃酸分泌抑制剤で成分としてシメジットを含む薬と、喘息の薬テオフィリンを同時に服用すると、副作用で頭痛、悪心、吐気などが現れることがあります。

このような、医薬品の飲合せの弊害は、薬局にいる薬剤師さんがよく知っていますので、薬剤師の注意をよく聞くことが大切です。そのためにも大切なのが調剤薬局で渡される「**お薬手帳**」です。薬を処方されるたびに手帳を持って行き、記帳してもらえば、薬剤師が危ない薬剤の飲合せに注意してくれます。

薬の飲合せしだいでは非常に危険なので、おっくうがらずにお薬手帳を持っていくことが大切です。

スモン病事件

―― 医薬品の副作用❶

医薬品は患者の病気を治し、患者の苦しみを癒すものです。ところがその医薬品が新たな病気を生み、患者を新たな苦しみに突き落とすことがあります。

よく知られた例は医薬品の**副作用**です。抗がん剤のもたらす悪心、脱毛などの副作用はよく知られています。ここでは20世紀に起こった大きな副作用事件を2つ見てみましょう。

●スモン病

1960年代から70年代にかけて、日本ではそれまで奇病、風土病とみなされていた病気が実は「公害」によるものであることが相次いで明らかになった時代でした。

富山県のイタイイタイ病が、実はカドミウムCdという金属による公害であり、熊本県の水俣病が水銀による公害であり、三重県の四日市ぜんそくが工場排煙による公害であることがわかるなど、公害の影響の大きさ悲惨さが明らかになった年代でした。

そのようなときに起こったのが新しい病気「**スモン病**」でした。スモン病の特徴は、それまでの公害のように特定の地域、特定の工場の周辺にだけ起きたものではなく、あるとき突然、日本中で広く起きた病気という点にありました。

●スモン病の症状と経緯

スモン病の症状は、突然、激しい腹痛が起こることから始まります。便が緑色になり、2～3週間後には下肢の痺(しび)れ、脱力、歩行困難などの症状が現れます。ついで舌に緑色の毛状苔が生え、視力障害が起きることもありました。患者はなぜか女性に多く、合併症としては白内障、高血圧症などが起きやすくなりました。抜本的な治療法はなく、治療は医師の経験と勘に基づいた対症療法のみだったのです。

当初は原因不明の風土病とされました。一時はウイルスが原因ともされましたが、発生原因についても意見が分かれました。そして、「亜急性脊髄視神経症」の英語名（SUbacute Myelo－Optico－Neuropathy）の頭文字から「スモン病」と呼ばれるようになったのです。

くわしく追跡調査をした結果、この病気に罹る前に下痢などの消化器症状が現れており、その際、**治療薬としてキノホルム（整腸剤）が処方されていた**ことがわかりました。こうして「キノホルムが原因」とわかったのです。患者数は全国で1万1000人に上るという、かつてない一大薬禍となりました。

研究の結果、この病気はキノホルムを整腸剤として服用することによって起こる神経障害であることがわかりました。キノホルムは、殺菌性の塗り薬として1899年にスイスで開発された薬剤です。日本でも戦前から生産され、主に軍用に用いられていましたが、その用途は、当初予定の外用消毒剤の他に、アメーバ赤痢治療薬として内服薬にも用いられていました。

●スモン訴訟

患者はキノホルムを製造販売していた製薬会社と、使用を認めた国の責任を追及し、訴訟となりました。訴訟は原告の患者、被告は国、武田薬品で、1977年、78年に和解が成立し、被告側（国、企業）は非を認め、損害賠償を行なうことになりました。

しかし患者の認定など、最終的な和解が成立したのは事件から30年以上も経った1996年（平成8年）のことでした。

実は、このスモン病よりも前に、さらに大きな副作用をもたらした事件が起きていたのです。それは「毒と薬はウラオモテ」を象徴するような結果をもたらしたものでした。

サリドマイド事件

――医薬品の副作用❷

●アザラシ肢症

前節のスモン病（キノホルム）の例を見るまでもなく、薬の副作用は患者、その家族に大きな災難をもたらしますが、これほど悲惨な事件はないと思わせたのが**サリドマイド事件**でした。

サリドマイドは西ドイツ（現ドイツ）の製薬会社グリュネンタール社が「癲癇（てんかん）」の治療薬として開発した薬剤でしたが、1957年に睡眠剤として市販されました。発売当初は寝つきがよくなる、寝起きもよいということから好評を得たようですが、ほどなく関係医師の間に恐ろしい噂が飛び交い始めます。

それは「最近、これまでに見たことのないような奇形児が誕生している」というのです。その奇形はアザラシのような四肢欠損症であり、具体的には

・両上肢がない

・肩から手が出ている

・上肢が短い、橈骨（とうこつ）がない

・指の本数が足りない、親指が小さい

などの症状で、その外形からアザラシ肢症と呼ばれました。

やがてこの赤ちゃんを出産した妊婦が妊娠初期に「サリドマイド」を服用していたことから、サリドマイドによる副作用ではないかと囁(ささや)かれ始めたのです。しかし、原因解明のための表立った動きはありませんでした。

そのような中、ついに1961年、1人の研究者が奇形とサリドマイドの関係を学会で発表したところ、わずか1週間後にはグリュネンタール社は市場に出ていたサリドマイドを回収し始めたのです。

●被害の拡散とケルシーの戦い

しかし、時すでに遅しでした。すでに多くの被害者が出ており、しかも国によってはサリドマイドはその後も市中で販売され続けたため、薬害は全世界に広がり、出生した被害者約5800人、死産を含めると約1万人、流産を含めると約20万人という被害者が出ました。

日本でも製品回収、販売禁止の措置が遅れたことによって300人余りの被害者が出たのでした。

そのような中にあって顕著な功績を上げたのがアメリカでした。アメリカの食品医薬品局（FDA）の審査官フランシス・ケルシー博士は睡眠薬サリドマイドの安全性に疑念を抱き、米国内における市販認可をさまざまな圧力に屈することなく、1年間に渡って拒絶しつづけたのでした。

彼女の賢明な阻止によって、アメリカは最少の被害で食い止めることができたのでした。この功績によって彼女は1962年、時の大統領ケネディから「顕著な連邦文民功労への大統領賞」を授与されています。

●薬のほうだけ飲んでも体内で毒に変化する

アザラシ肢症の原因はサリドマイドでした。しかし、その原因の核心はサリドマイドの分子構造の特殊な点にありました。

サリドマイドの分子構造は図4−5−1のようなものです。構造Aを鏡に写すと構造Bになります。これは右手を鏡に写すと左手になるのと同様であり、このようなものを一般に**鏡像異性体**（あるいは光学異性体）といいます。

図 4-5-1●鏡像異性体のしくみ

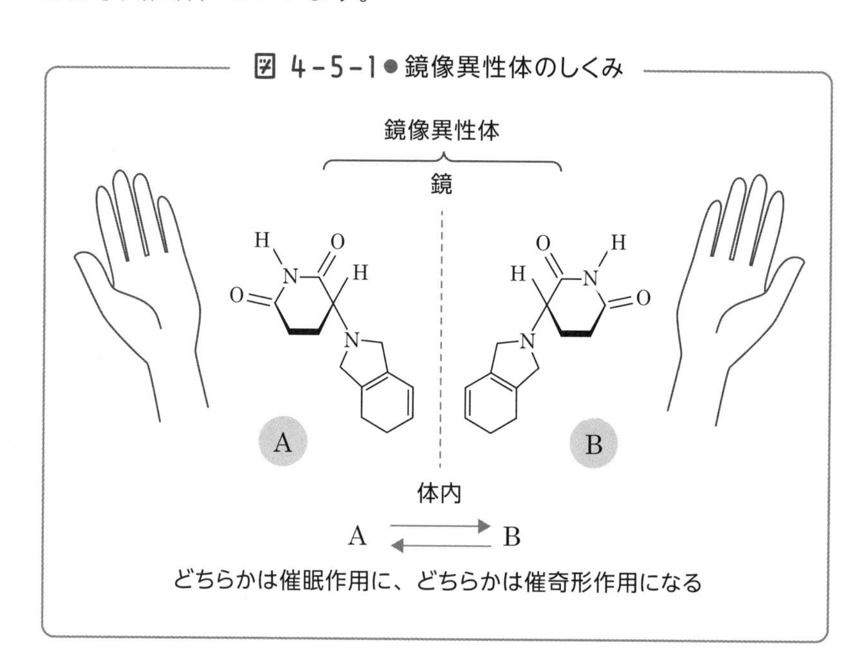

しかし、右手と左手は異なるものです。それと同様に、この1対の化合物は互いに異なる化合物であり、生理的な性質はまったく異なりますが、困ったことに化学的な性質は同じなのです。

サリドマイドの場合、**片方は催眠作用がありましたが、もう片方には催奇形性があった**のです。ですから、催眠作用のあるほうだけを選び取って服用すれば害はないことになります。

しかし、鏡像異性体の場合は化学的な性質は寸分たがわず同じですから、Aだけをつくろうとしても A：B＝1：1の混合物ができてしまいます。しかも、AとBを化学的に分離することも不可能なのです。

さらに、サリドマイドは体内に入るとAはBに、BはAに変化して、体内で20時間も経つと両方の混合物、つまりA：B＝1：1の混合物になります。このため、片方だけを取り出して飲んだとしても解決にはならないのです。

●毒と薬はウラオモテ

このようにサリドマイドは怖ろしい性質をもち、悪魔の薬としか説明のしようがありません。ところがその後、サリドマイドの意外な一面が見えてきました。

サリドマイドによる奇形は、サリドマイドが発生途中の毛細血管の成長を阻害することによるものであることがわかったのです。サリドマイド児を出産した妊婦がサリドマイドを服用した妊娠初期というのが、ちょうど胎児の四肢の毛細血管が成長する時期だったのです。

このことは、がん腫瘍（しゅよう）の成長をも阻害するだろうし、糖尿病による失明の原因である網膜の微細毛細血管の発生をも阻害するだろうということが予想されます。このため現在では、医師の厳重な管理の下にこのようながん腫瘍の成長阻害などの疾患にサリドマイドが使用されることがあります。

まさしく「毒と薬はウラオモテ」という結果になったのでした。

4-6 免疫系が働くしくみ

―― ワクチン類

ワクチンは1798年、イギリスの医師エドワード・ジェンナー（1749～1823）によって発見された感染症に対する予防薬です。昔はペスト、チフスなどの感染症が大発生を繰り返していました。天然痘（種痘）もそのような感染症の1つでした。南米の大帝国であったインカ帝国が、1533年にスペイン軍人ピサロの率いるわずか100人ほどの軍勢によって滅ばされたのも、それ以前に大流行した天然痘によって帝国の人口が激減していたことに理由があるとの説もあります。

●種痘の発見

ジェンナーの時代にも種痘が流行っていましたが、同時に、**一度種痘に罹かった人は二度と種痘に罹からない**ということも知られていました。そのため、中には種痘患者の膿（うみ）を自分の体に接種する人もいたそうです。「その結果は？」というと、その後、運よく罹らなくなった人もいれば、逆に、命を落とした人もいたという、まさにバクチのようなものだったようです。

そのようなときにジェンナーは牛の乳絞りをやっている村の娘たちが、「私たちは牛痘（牛の天然痘）に罹かっているから天然痘に罹らないのよね」という会話を聞きました。

確かに、村の女性と都会の女性とを比べると、アバタ（種痘に罹った人の顔などに残る窪み状の跡）をもっている人の割合は、村の女性のほうが少ないようでした。

そこでジェンナーは使用人の息子に牛痘の膿を接種し、それが治った時点で天然痘の膿を接種したところ、少年は種痘には罹ったものの軽い症状で済んだということです。これがジェンナーによるワクチン発見ということになっています。

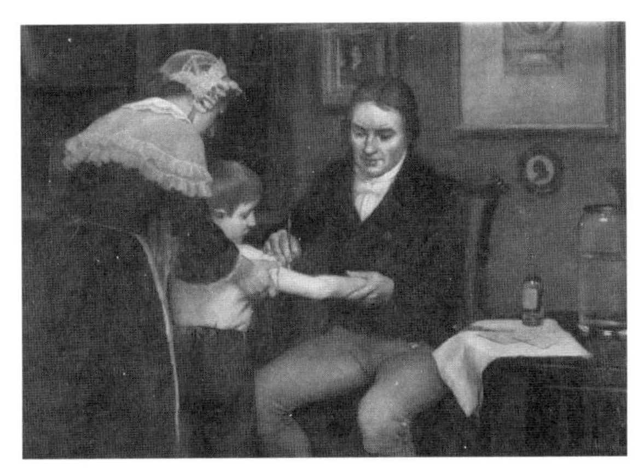

図4−6−1 ジェンナーが子どもに種痘を打つ

ワクチンはその後、フランスのパスツール（1822 ～ 1895）、ドイツのコッホ（1843 ～ 1910）などの研究によって改良され、人類を感染症から救う神の恩寵として現在に至っているのです。

●免疫システムとは何か

人間には、体内に入った病原体などの異物（抗原）に対抗する天然の抵抗力が備わっています。これを**免疫システム**といいます。免疫システムは主に血液の白血球部分の細胞によって構築された非常に複雑なシステムであり、免疫系細胞の70％は消化器系の臓器内に存在するといわれています。病原菌の侵入経路が消化器系を経由することが多いことに対応したものでしょう。

免役細胞とは、簡単にいうと

❶抗原（病原菌）を見つけたら、相手かまわず捕食してしまう下っ端の細胞（食細胞とします）

❷抗原を発見してそれに指名手配の手配書（抗体）を貼る細胞（抗体細胞とします）

❸その手配書に従って抗原を攻撃し、撲滅する細胞（攻撃細胞とします）

の3種の細胞からできています。

当然ながら、指名手配書は抗原を見てから印刷することになりますから、時間がかかります。ふつうなら1週間から10日ほどかかります。その間は免疫システムの最も下っ端である「食細胞」が抗原らしきものを食い尽くしますが、限度があります。本格的な抵抗が始まるのは攻撃細胞が攻撃を始めてからの話になるのです。

ワクチンは、抗原のダミー（偽物）であり、抗体細胞に抗体をつくらせるための薬剤です。つまり、ワクチンは抗原を攻撃して撃退する薬剤ではないのです。

ワクチンはあくまでも攻撃態勢を整え、攻撃開始の指令を出す薬剤のことであり、自らが先頭に立って病原体を攻撃する薬剤ではありません。病原体を攻撃するのは患者の免疫システムです。かんたんにいうと、結局は**患者の体力**なのです。

●ワクチンの種類と危険性

ワクチンは私たち人間にとって力強い味方ですが、危険性もあります。

ワクチンの種類

抗原のダミーとしては、次のようなものがあります。

❶生ワクチン：抗原を化学物質で弱らせたもの

❷不活化ワクチン：抗原の死骸

❸トキソイド（ワクチン）：抗原の出す毒素を化学物質で無害化したもの

❹mRNAワクチン：最新式のワクチン。病原体のタンパク質（抗原）の遺伝情報をもった核酸（mRNA）を化学的に合成し、それを患者に接種することで病源体のタンパク質を患者自身につくらせ、それに対する抗体をつくらせるもの

以上のワクチンのうち、❶の生ワクチンは弱っているとはいえ、生きているワクチンです。場合によっては活性化し、その病原体が他の健康な人に病気を感染しないともかぎりません。

また❶〜❸のワクチンは細胞や卵を使って、発酵によってつくります。そのため、それらの細胞がワクチンに混入し、アレルギーの原因物質であるアレルゲンとなってアレルギーを起こす危険性もあります。❹のmRNAワクチンは不安定なため、安定化させるための脂質を加えます。この脂質がアレルゲンとなってアレルギー、いわゆる**アナフィラキシー・ショック**を起こす危険性もあります。

このように、ワクチンといえども、100％安全ではありません。結局はワクチンを打たないで病原体の横暴を許すか、危険性はある

もののワクチンを打って病原体の横暴を抑えるかという、二者択一にならざるをえないのです。

●アレルギー、アナフィラキシー・ショック

免疫細胞が作成・発行した手配書（抗体）は一度使ったら終わりというものではありません。免疫細胞はいったんつくった抗体の設計図を保管しています。そして次にまた同じ抗原が来たら、今度は間髪（かんはつ）を入れずに手配所を大量印刷して抗原に対抗します。これがワクチンの働きであり、アレルギーの原因です。

毎年、花粉の季節になると花粉症が発症するのは、このような理由です。手配書の発行を少し手控えてもらえればよいのですが、それはまだ難しいようです。

このときに免疫系の攻撃があまりに激しいと、まるでコソドロに対して軍隊が出動するような騒ぎになり、戦場となった患者が大変な目に遭います。これが**アナフィラキシー・ショック**です。

化粧品による皮膚障害・白斑症

——炭酸鉛・ロドデノール

お化粧をするのは人間だけです。人類は顔の部分が毛でおおわれていないためか、「自分で顔を飾る術」を身につけました。それによって他の動物や他の部族を威嚇し、自分たちの勢力範囲を守る意味があったのでしょう。後世には呪術的な意味も入ってきたものと思われます。

初期の化粧は色の着いた泥や炭を顔に塗る程度だったのでしょうが、やがて模様を描くようになり、それを定着させるために入れ墨を入れ、さらには耳や鼻に穴をあけて異物を挿しこむ、あるいは歯を抜くなど過激な行為に走っていったのでしょう。

●白粉の成分

近世の化粧の基本は顔の肌全体を白っぽくし、頬や唇を赤くし、目の周りを青や黒で彩るものだったようです。そのため、重要視されたのが顔に塗る白粉（おしろい）でした。白人のヨーロッパ人も白粉を用いていました。唇に塗る赤には害のない植物性顔料、目の周りには防虫効果があるといわれたラピスラズリ等の鉱物性顔料、そして肌を白く見せるのに使ったのが白粉であり、その多くは炭酸鉛 $Pb(CO_3)_2$ でした。

●白粉の有害性

白粉の炭酸鉛は不透明で光を通さず、しかも粉末のままでも肌に馴染(なじ)んでよく延びるという特性がありました。しかし鉛には神経毒があります。このため、白粉の鉛をなめ続けると神経をやられて痙攣(けいれん)を起こす、怒りっぽくなる、生殖能力が落ちるなど、さまざまな障害が現れたとされます。

この弊害は日本でも江戸時代の遊女、花魁(おいらん)、歌舞伎役者に現れたようです。

害は、決して白粉を塗る本人にだけ現れるものではありません。特に遊郭の女性たちは白粉を顔に塗るだけではなく、胸から背中まで一面に塗ります。その女性の母乳を飲む赤ちゃんは授乳のたびに鉛をなめることになります。江戸時代後期になると、大名家では後継の男児が生まれず、養子縁組が相次ぎましたが、ここにも白粉の問題があったのではないか、との説もあります。

図4−7−1 白粉を塗った花魁たち(「花魁道中」より)

ヨーロッパはもちろん、日本でも明治の初めには鉛入りの白粉が禁止されましたが、歌舞伎役者の中には、「鉛の白粉でなくては延びが悪い」といって鉛の白粉を使い続け、中毒になった人もいました。当時有名だった歌舞伎役者・中村福助（成駒屋の4代目）もその一人で、役者にとって大切な舞台の最中に痙攣をおこして倒れてしまったといいます。

それ以来、鉛入り白粉の危険性が一般に知れ渡るようになったのです。もちろん、現在、鉛入りの白粉は使われていません。現在の白粉の多くは酸化チタンTiO_2や酸化亜鉛ZnOを用いています。

●美白化粧品

2012年頃、ある美白化粧品を使うと、肌に白斑が生じるという事故が何件も続けて起こりました。

白斑とは、顔の皮膚の一部の色素がマダラに抜けてしまい、その部分だけ白くなってしまう現象です。外見上は、まるで日焼けで皮がむけたように、褐色の肌に白いブチ模様が現れたように見えます。顔の色を白くしようとして用いた化粧品でこんな模様が現れたのでは逆効果です。

化粧品会社は翌2013年に製品を回収しましたが、すでに16万件以上の相談が寄せられ、約2万人の被害者が出ていました。これは皮膚の細胞の中でメラニン色素をつくるメラノサイトという組織が死んでしまったために起こった現象でした。

原因は、ロドデノールという化学物質でした。ロドデノールは白樺の樹皮やメグスリノキなどに多く含まれる成分で、正確にはロドデンドロールといいます。

開発当初、この物質はメラニン色素の生成を抑え、シミやそばかすを防ぐ作用のある、美白成分と考えられていました。厚生労働省からも医薬部外品として認可がおりていました。その成分がこのような問題を起こしたのでした。

図 4-7-2●
ロドデノールの化学構造式

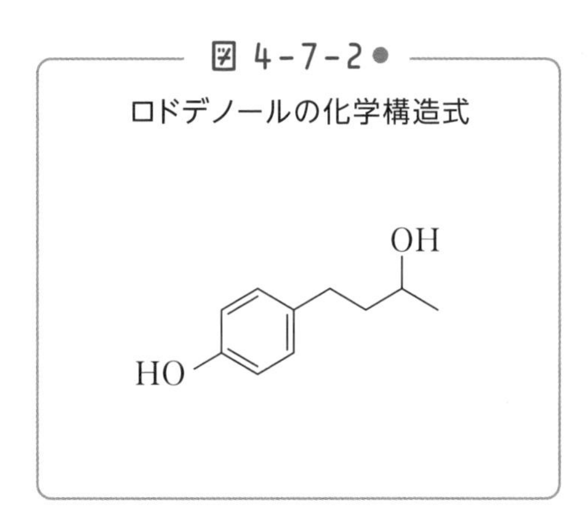

幸い、被害者の方も、この化粧品の使用を止めた後は徐々に症状が回復して多くの人は元の状態に戻ったといいます。

結局、症状が確認された利用者には化粧品会社より医療費や医療機関への交通費、慰謝料を支払うという方針で和解がはかられました。

皮膚のアレルギー疾患

―― 染毛剤・脱毛剤

おしゃれは体の各部に及びます。頭髪の染色はもちろん、多すぎる体毛は脱毛したいものです。しかし、染毛、脱毛にはトラブルが生じることが少なくありません。

●ヘアカラーリング剤

頭髪を染める薬剤を一般に**ヘアカラーリング剤**といいます。薬事法に従えば、カラーリング剤は染毛剤（医薬部外品）と染毛料（化粧品）に分けられます。

❶染毛剤・漂泊剤

染毛剤と染毛料を比べた場合、染める力が強いのは染毛剤のほうです。染毛剤は髪を染める前に髪をブリーチ（漂泊）して脱色します。染毛剤から染料を除いたもの、つまり髪の色素を除く薬剤をブリーチ剤（漂白剤）といいます。

ブリーチ剤は髪のメラニン色素を分解するもので、主成分は過酸化水素H_2O_2ですが、より強力に脱色したい場合には過硫酸塩を含む酸化助剤を用いることがあります。

染毛剤の主成分はパラフェニレンジアミンです。染毛時に過酸化水素を混ぜると酸化されて発色します。したがって、結果的にブリーチと染色が同時に進行することになります。脱色した髪を染めるので、鮮やかに染めることができます。

染毛剤によってはパラフェニレンジアミンでなく、パラアミノフェノールを用いたり、両方を混ぜたり、その分量も各社各様になっています。

図 4-8-1●脱色剤（ブリーチ）と染毛剤

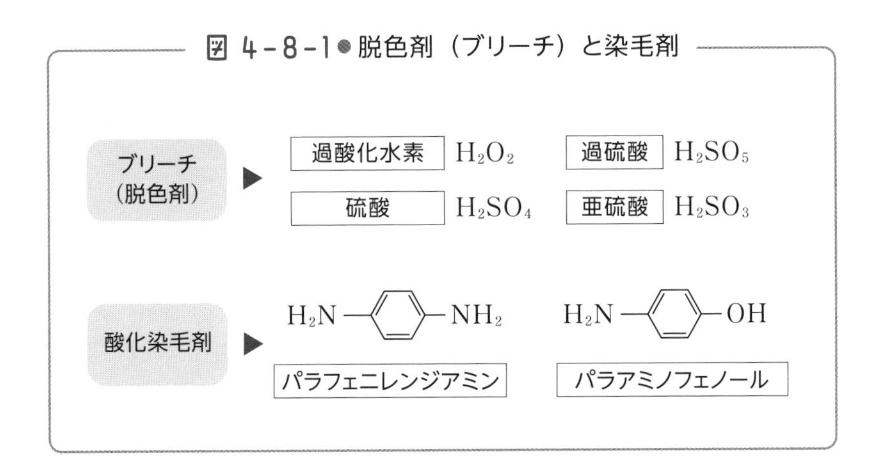

❷染毛料

一方、染毛料は毛髪を一時的に染めるもので、一般にヘアマニキュアとも呼ばれます。前述の染毛剤が髪を酸化するのに対し、染毛料は作用が穏やかなため、アレルギーになることは少ないのですが、その分、染毛力は弱く、シャンプーなどで色落ちすることがあります。

●カラーリング剤の危険性

ヘアカラーリング剤のパラフェニレンジアミン、パラアミノフェノールはアレルギーを起こすことがあります。特にパラフェニレンジアミンは毒性が強く、推定致死量は大人で10 gほどといわれています。

また、パラフェニレンジアミン自体が塩基性（アルカリ性）であるのに加えて、染毛剤にはアンモニアなどの塩基が加えられているのでその塩基性はかなり強くなっており、髪に与えるダメージも大きいことが予想されます。

染毛剤全般による皮膚のアレルギー疾患は例が多く、また塩基性なので目に入ると角膜に炎症を起こす可能性が高くなります。視力低下の例などもあり、使用には注意書きをよく読んで、十分に注意することが必要です。

●脱毛剤

肌を見せる文化のあるヨーロッパでは、昔から女性は体毛を脱毛する文化がありました。脱毛には毛抜きで抜いたり、粘着テープなどを皮膚に張り付け、そのテープをはがすことによって脱毛したりする物理的脱毛と、脱毛剤を用いて腐食して取り除く化学的な脱毛などがあります。

❶脱毛剤の成分

化学的脱毛は、毛髪の成分であるアミノ酸のシステイン結合S−Sをアルカリ性薬剤や還元剤で切断するものです。その結果、毛髪は分解され、ふき取るだけで皮膚から除かれてしまいます。

脱毛剤の成分としては、チオグリコール酸カルシウムが多く用いられています。チオグリコール酸塩はコールドパーマ用の薬剤として1940年代から使い続けられているものです。そのほか硫化ストロンチウム、亜硫酸バリウムなども用いられます。しかし、バリウム塩には毒性があるため、最近では用いられないようです。

また、セタノール、プロピレングリコール、ラウリル硫酸ナトリウムが含まれているものもあります。

図 4-8-2 ● 脱毛剤の成分と化学構造式

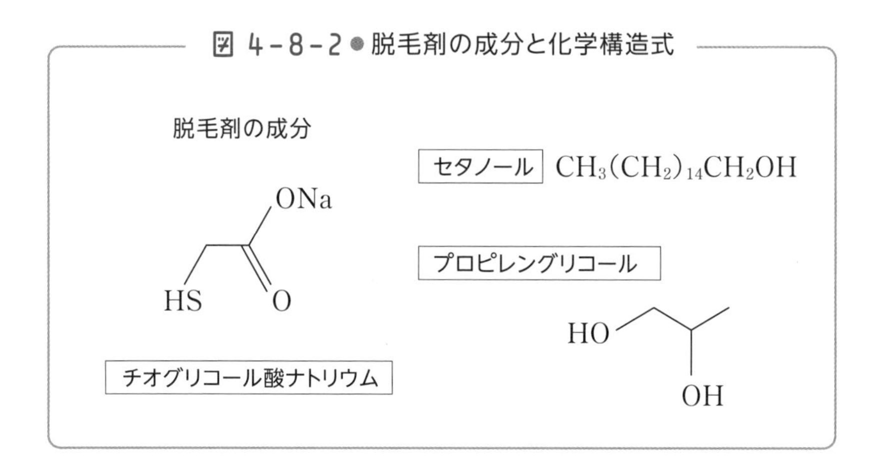

❷脱毛剤の危険性

成分の有害性としては、チオ尿素が分解されにくいため、環境中に排出されると藻類に対して毒性を示すことが知られています。また人間が摂取すると、甲状腺機能が低下することも知られています。プロピレングリコールは腎不全と肝臓機能障害をもたらす危険性があるようです。

ラウリル硫酸ナトリウムは、合成洗剤などと同じ界面活性剤であり、皮脂を取り除くため、皮膚や目に炎症を起こす可能性があります。 特に、目に入った後は大量の水で洗い流す必要があります。

ベランダ・園芸の危険物

5-1

害虫は駆除し、益虫や人には無害な薬剤をめざす

── 殺虫剤

●80億もの人が生きていられるのは？

国際連合の「世界人口推計2022年版」によると、世界の人口は2022年11月15日に80億人に達した、という推計が発表されました。

1700年には世界人口はわずか6億人でしたが、1800年には10億人、1900年には16億5000万人と大幅に増加し続け、1950年には25億人、2000年には60億人となりました。

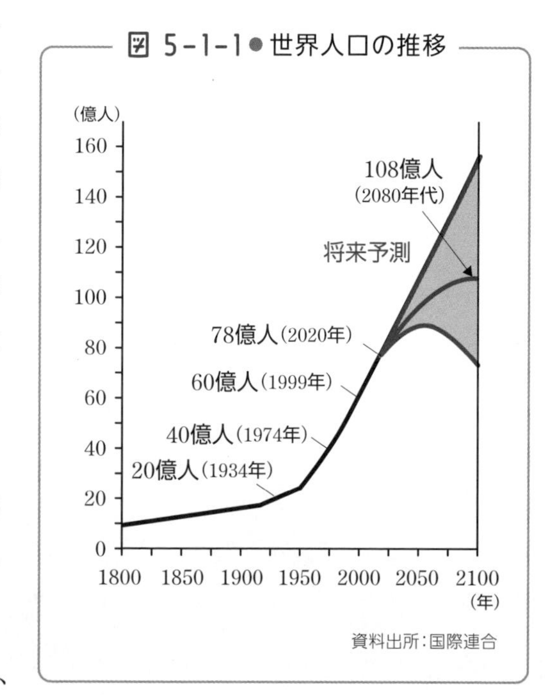

図 5-1-1● 世界人口の推移

さすがに増加率は減少しているものの、2022年に80億人、2058年には100億人に、

そして2080年代には108億人でピークを迎えるとされています。

現在80億の人間が存在するということは、それだけの人間がこの狭い地球の上で食物をつくり、それを食べることができていることを意味します。それはもちろん農業の発展のおかげです。

では、その農業の発展を支えてきたものは何でしょうか。それは**化学肥料と化学殺虫剤のおかげ**、といってもよいのではないでしょうか。

●画期的な殺虫効果をもつDDT、BHC

穀物を食い荒らす害虫やネズミは昔からいました。害虫を防ぐために人々は殺虫効果をもつ草を燃やして煙を畑地にたなびかせる、水田の表面に鯨やニシンの油を撒いて酸素供給を遮断するなど、さまざまな工夫をしてきました。しかし、効果は限定的でした。

そこで人類が最後に頼ったのは、虫追いなどの昔ながらの行事と加持祈祷などの神頼みだったのです。これはさらに効き目がありません。

そんなとき、画期的な殺虫剤が現れたのです。第二次世界大戦中の1939年のことで、殺虫剤**DDT**でした。DDTはdichloro diphenyltrichloroethane（ジクロロジフェニルトリクロロエタン）の略で、実は160年前の1873年にオーストリアの化学者オトマール・ツァイドラーによって初めて合成され、基礎的な物性は知られていました。しかし、その後長い間、研究は放置されたままでした。したがってDDTに顕著な殺虫効果があることが発見されたのは、この第二次大戦中が最初だったのです。

DDTは最初、戦場において放置された遺体に湧いたウジ虫（ハエの幼虫）退治に使われ、画期的な成果をあげていました。そして戦後には家屋に湧く害虫や、体につくシラミ、ノミ等の害虫退治、さらに農場の害虫退治に目覚ましい成果をあげていったのです。

戦後の一時期、一般家屋では夏の恒例行事である「ムシボシ（虫干し）」のときに畳を上げて床にDDTの白い粉を撒きました。学校では、女子と長髪の男子は体育館の隅に集められ、1人ずつ髪にDDTの白い粉をふきつけられて頭を白くしていたものでした。

このため、DDTの殺虫効果を発見したスイスの科学者、ヘルマン・ミュラー博士はその発見の功績だけによって、1948年にノーベル医学・生理学賞を授賞したのです。

DDTは、炭素Cと水素Hからできた有機物に塩素Clが結合した化合物で、一般に有機塩素系化合物といわれる物質です。

図 5-1-2●DDTの構造式

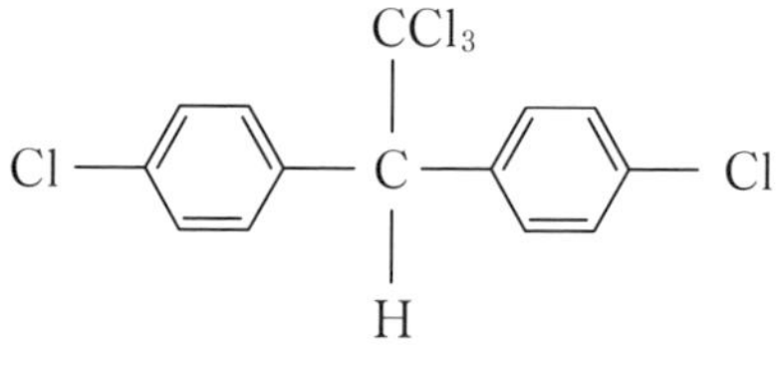

有機塩素系化合物の殺虫剤としては、他にBHCが用いられました。BHCは『ロウソクの科学』の著作や「クリスマス・レクチャー」でも有名なイギリスの科学者マイケル・ファラデー（1791～1867）によって合成された化合物で、BHCの殺虫効果はDDT

の場合と同様に、1941～42年頃になってようやく見いだされたのです。

特に日本では水稲の害虫に効果があったため使用が広まり、最終的には野ネズミの駆除以外であればBHCが使用されるほどになり、水田だけでなく、園芸や森林でも利用されました。

図5−1−3 ファラデーの一般向け講演（クリスマス・レクチャー）

また、農薬以外でも、ダニによって感染する皮膚病、疥癬（かいせん）の治療薬の軟膏（なんこう）としても使用されました。

●DDTの有害性と生物濃縮

しかし、DDTのような有機塩素系殺虫剤が大量に使用されるにつれ、これらの殺虫剤は害虫に害があるだけでなく、人間にも害があることがわかってきたのです。このため1980年代には世界各国で使用禁止になり、2001年のストックホルム条約で製造・使用の禁止となりました。

製造・使用が止められたといっても、問題が残りました。それは有機塩素化合物が一般に「安定」なことです。「化学的に安定」とは、自然界で分解されにくいということです。

つまり、いったん環境に放出されてしまった有機塩素系化合物は、自然界でなかなか分解されることなく、環境中に留まり続けるのです。しかもその濃度は**生物濃縮**されることがわかりました。

次の表は、同じように有機塩素化合物であるDDTとカネミ油症で有名になった公害物質PCBの生物中での濃度分布を表わしたものです。

図5-1-4●PCBとDDTの生物濃縮

	濃度(ppb)	
	PCB	DDT
表層水	0.00028	0.00014
動物プランクトン 濃縮率(倍)	1.8 6,400	1.7 12,000
ハダカイワシ 濃縮率(倍)	48 170,000	43 310,000
スルメイカ 濃縮率(倍)	68 240,000	22 160,000
スジイルカ 濃縮率(倍)	3,700 13,000,000	5,200 37,000,000

※表層水濃度に比べての倍率　資料出所：立川涼「水質汚濁研究」11.12（1988）

海面での濃度は低かったとしても、それがプランクトンに食べられ、プランクトンが小魚のイワシに食べられ、イワシがイカに食べられと、生物濃縮が続くにつれて濃度は増加し、スジイルカに食べられたときにはDDTの濃度はなんと、海面での水中濃度の3700万倍にも濃縮されているのです。これが生物濃縮の怖さです。

●有機リン系殺虫剤の登場

その後、殺虫剤は有機塩素化合物を離れて、人間に対する毒性が低いもの、自然環境で分解されやすいもの、しかも殺虫効果が高いなどの特性を合わせもった殺虫剤の開発が進められました。

その結果、有機物にリンPが加わった「**有機リン系殺虫剤**」が開発されたのでした。これらの殺虫剤としては、スミチオン、パラチオン、マラソン乳剤などがあり、農業はもちろん、家庭園芸、ベランダでのプランター園芸にとっても欠くことのできない薬剤となりました。

しかし、これら有機リン系殺虫剤の中にはメタミドフォスのように有害性の強い殺虫剤も開発されました。国によっては殺虫剤として使うことが許された国もありますが、日本では反応を加えて毒性を弱めたオルトランが市販されています。オルトランの毒性は低いといいましたが、それは使用量、使用時期、使用回数などを守ることが前提であり、過ぎれば当然、毒性が高まります。

ほかにも、殺虫剤として使うにはあまりに毒性の強いものもありましたが、これらの中には毒性を弱めるどころか、研究を進めて毒性を強め、化学兵器として使われる物質も出てきました。それがオーム事件で有名になったサリン、タブン、ソマン、VXなどです。

図 5-1-5●

殺虫剤に使われた化学物質

	構造式	LD_{50} (mg/kg)
有機塩素系	●DDT 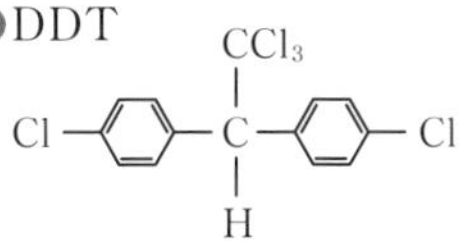 $Cl-C_6H_4-C(CCl_3)(H)-C_6H_4-Cl$	113
有機塩素系	●BHC 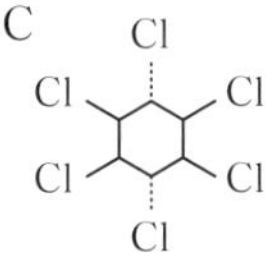 $C_6H_6Cl_6$	90
有機リン系	●パラチオン 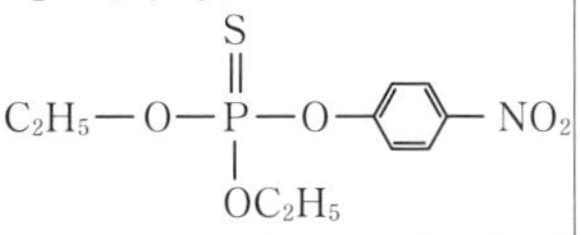 $C_2H_5-O-P(=S)(OC_2H_5)-O-C_6H_4-NO_2$	13
有機リン系	●メタミドフォス ① 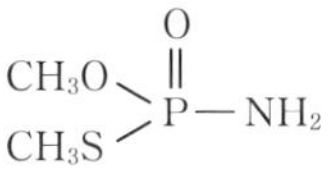 $(CH_3O)(CH_3S)P(=O)-NH_2$	18
有機リン系	●オルトラン ② 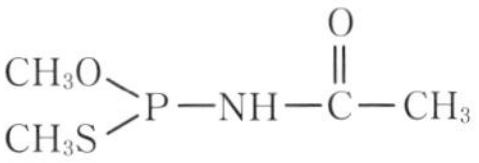 $(CH_3O)(CH_3S)P(=O)-NH-C(=O)-CH_3$	5000

●ネオニコチノイド系殺虫剤

最近開発された殺虫剤が、タバコのニコチンを参考に開発された**ネオニコチノイド系**と呼ばれる殺虫剤です。これは人間に対する有害性は低いといわれています。

しかしこの殺虫剤が出回ってから起きた事件として、ミツバチが巣に帰らなくなるという現象があるようです。つまり、このネオニコチノイド系の殺虫剤がミツバチの帰巣(きそう)本能を狂わせているらしいとの説が出ています。

帰巣本能が狂うと、ハチミツを取る養蜂業者はもちろんのこと、ミツバチをビニールハウス内に放って虫媒(ちゅうばい)植物の受粉を行なっている農業関係者にも大きな打撃を与えます。

事の真偽はこれからの研究・調査を待つことになりますが、害虫だけを殺して益虫には害を及ぼさない、あるいは人間には何の害ももたらさないという都合のよいものを開発することができるのかどうか、疑問の点もあります。

しかし100億人の人類を今後も養っていくためには、害虫駆除は必要不可欠です。少なくとも人間に対しては低毒性の殺虫剤を開発してもらいたいものです。

ネズミなど小動物を駆除する薬剤

―― 殺鼠剤

殺虫剤は害を及ぼす虫を殺す薬剤でしたが、**殺鼠剤**（さっそざい）とは、ネズミやモグラなどの有害小動物を殺すための薬剤です。

●鉱物毒、合成毒による殺鼠剤

鉱物毒というのは砒石などの鉱物をもとにした殺鼠剤のことで、これは昔は「猫いらず」とも呼ばれたものです。江戸時代には「石見（いわみ）銀山ねずみ捕り」といわれた歴史のある農薬です。

「石見銀山」とは、最盛期には世界の銀の1/3を産出したという島根県の銀山（大森銀山）のことで、その石見銀山の近くにあった笹ヶ谷鉱山から採れた砒石を焼成してつくった殺鼠剤です。厳密には石見銀山ではないけれど、その名前にあやかって商売をしたわけです。

「猫いらず」の正体は、ヒ素化合物の三酸化二砒素As_2O_3という猛毒です。無色、無味、無臭で水に溶けやすいという、毒物として見れば優れたものであり、かつてはネズミ捕りだけでなく、要人の暗殺にも盛んに用いられたことで有名です。

近年になってからの毒殺事件には、ヒ素化合物だけでなく、黄リン製剤、タリウム化合物、ストリキニーネなども用いられています。

ネズミは人間と同じ哺乳類ですから、ネズミにとっての毒物は人間にとっても多くの場合、毒物です。そのため、ネズミには有毒で、人間には無害という都合のよい毒物を目指して開発が進められましたが、そのような薬剤を開発するのは容易ではありません。

現在使われている殺鼠剤の主なものには次のようなものがあります。

❶クマリン

現在広く使われているのは、有機化合物のクマリン誘導体であるワルファリンやダイファシノンなどです。ワルファリンは、脳栓塞（のうこうそく）症の予防薬として人間にも用いられている薬剤です。ネズミに対しても血液凝固機能を阻害し、臓器に内出血を起こさせて死亡させるものです。

5日間以上連続して食べさせないと効果がないこともあり、日本での普及率はいまひとつのようです。

❷シリロシド

ユリ科の植物の鱗茎（りんけい）から抽出したものです。齧歯類（げっしるい）以外には強い嘔吐（おうと）性があり、飲んでも吐き出してしまうため、実質的に害は少ないといわれます。

❸無機物

日本で多く用いられているもので、成分は急性毒性の強いリン化亜鉛、硫酸タリウムなどです。

●生物毒による殺鼠剤

細菌や植物を用いた殺鼠剤もあります。

❶病原菌

ネズミの伝染病菌である野ネズミチフス菌を培養して餌に混ぜるものです。効果をあげた時期もありましたが、現在は衛生上の理由から禁止されています。

いずれにしろ、ネズミに食べさせるものですから、落ちていればペットも間違って食べる可能性は十分にあります。それどころか、置き場所によっては幼児が食べる危険性もあるので要注意です。十分な安全策を講じた上で設置すべき毒物です。

❷ヒガンバナ（曼珠沙華）

ヒガンバナは曼珠沙華とも呼ばれます。花は咲いても実はつけないので、繁殖は球根で増えるか、人間が植えるかしか方法がありません。秋になると田んぼの畦道がヒガンバナで真っ赤になります。これは人間が植えたもので、野ネズミやモグラによって畦道に穴をあけられ、田んぼの水が漏水するのを防ぐためです。

では、なぜヒガンバナを植えるのでしょうか。それは、ヒガンバナの根（鱗茎）にはリコリンという毒物が入っているからです。墓地にヒガンバナが多く咲いているのも同じような理由です。かつては土葬が多く、大切な人の遺骸を野生動物から守るために植えたといわれます。

リコリンは水に溶けやすい毒物なので、ヒガンバナの根を丁寧に水で晒せば毒物は流れさり、残ったデンプンは食用になります。し

かし、食べてもおいしくはないし、水晒しも大変なので、ふだんは誰も食べようとはしません。

しかし、飢饉となれば話は違います。このようなに飢饉のときにのみ食べる作物のことを**救荒作物**（きゅうこう）といいます。ソテツの実や茎も同じ用途に使われます。

ヒガンバナは縁起が悪いと嫌われることがありますが、花は人を慰めてくれ、根は亡くなった人を守ってくれ、いざというときには飢饉から人を救ってくれ、と常に人間に寄り添ってくれた花です。もっと大切にしてやりたいものです。

江戸時代に編纂（へんさん）された百科事典『和漢三才図会（ずえ）』によれば、蔵の壁土にヒガンバナの成分を混ぜ込むことで、ネズミの侵入を防いだということです。また、球根のでんぷんを襖（ふすま）の糊として使用することで虫食いを防いだともいわれます。

毒性の強いクロルピクリン ホントの怖さは2次被害に

―― 土壌殺菌剤

農業というと田園風景がまっさきに思い浮かべられ、そこで蝶が舞い、小鳥が歌うという牧歌的な風情を感じますが、現代の農業はそのようなイメージとはかなり懸け離れてきているようです。

現代農業は「土地を工場とした工業」といったほうがよいかもしれません。いや、最先端の水耕農業では、そもそも「土」さえも使いません。紫外線で照らされた工場の中に積まれた水槽中を透明な水が流れ、そこに青々とした植物が同じ大きさ、同じ姿で育っています。すべては自動的に管理され、農夫もいなければ、蝶や鳥もいません。いるとしたら受粉のために働く養殖ミツバチくらいでしょうか。

危険農薬というと、前節までの殺虫剤、殺鼠(さっそ)剤を思いつきます。しかし、本当に危険な農薬は殺虫剤、殺鼠剤以外の意外な薬剤にも潜んでいるのです。

●植物に病気をもたらす細菌、ウイルスを倒すには

農作物に害を与えるものといえば、アリマキ、イナゴ、バッタなど植物を食い荒らす虫をイメージしますが、怖いのは植物が病気に罹ることで、甚大な被害を被(こうむ)ります。

なかでも、稲のイモチ病、バラのクロホシ病などは有名です。病気の原因は人間と同様、細菌とウイルスです。細菌やウイルスを駆除しようとしても、殺虫剤は何の役にもたちません。これらに対抗するには殺菌剤、抗ウイルス薬を用いなければならないのです。

殺菌剤にもいろいろありますが、毒性が強いことで有名なのは土壌殺菌剤の**クロルピクリン**です。クロルピクリンは液体ですが、揮発性の高い液体で、土壌に散布すると地熱で温められて気化し、土壌の隅々にまで浸透して菌体を駆除します。そのため、散布するときには土壌表面を黒いビニールシートで覆い、その上から専用の注入器で穴をあけて地中に注入します。

図 5-3-1● クロルピクリンを気化して菌体を駆除する

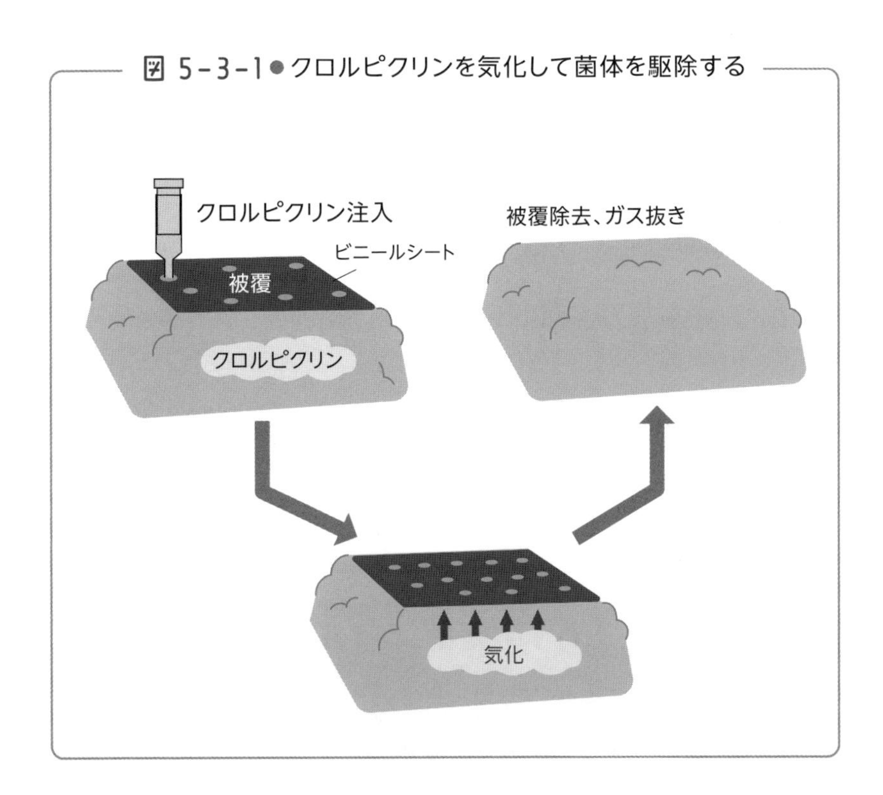

●殺菌剤クロルピクリンで事故

2017年6月、青森県十和田市内のゴボウ畑で耕作者がクロルピクリンを使用したところ、畑の西側に隣接する住宅に住む一家5人に目の痛みや嘔吐の症状が出たため、殺菌剤使用後5時間ほど経って、近所の住民が救急車を呼びました。5人は市内の病院に搬送され、1日入院。同じく畑の西側にある別の2つの住宅に住む2人も目の痛みを訴えたといいます。

それよりも前の2008年5月には、熊本県の救急病院に「息が苦しくて呼吸できない、目が痛い」との通報が入りました。通報の主は農薬を飲んで自殺を図った34歳の男性でした。救急車が出動し、患者を救急センターに搬送したのですが、本当の“事件”が起きたのは、実はこの後だったのです。

●思いがけない2次被害

病院に着くと男性は嘔吐し、処置に当たった医師は、「男性が嘔吐した直後にツンと塩素系の刺激臭がして、咳が止まらなくなった。男性に近づくに近づけず、地下鉄サリン事件のことを思い出した」と青白い顔で語ったといいます。

そうこうするうちに、吐しゃ物から気化したクロルピクリンは病院の空調機に入り、病院全体に拡散されました。その結果、発生した有毒ガスで、病院の来院者や職員、医師ら54人が体調をくずし、治療を受けたのです。

救急センターでは救急診療を即時中止し、一時封鎖される事態に至りました。ベッドに横たわる患者と、マスク姿で応急処置に駆け回る医師や看護師らで院内はごった返したといいます。

●被害拡大の原因と対応は？

病院側の話によると、被害が拡大した原因は、

①搬送当時、男性が飲んだ毒物を特定することができず、管を通して胃の中の毒物を取り除くなど一般的な対応を取った

②もし、毒物が気化しやすいクロルピクリンとわかっていれば、あらかじめ他の患者を避難させるなど、それなりの対応ができたため

といいます。

最終的に「クロルピクリン」と特定されたのは、有毒ガス発生から約1時間半後のことだったといいます。

これ以降、熊本県では対処マニュアルを決めたということです。それによれば搬送に当たった救急隊員は患者が服用した毒物の容器が残されていたら、医師に手渡す。病院側も手に負えないとわかったら自衛隊の援助を仰ぐ、などとなっているそうです。

このような対応は事件の起きた一県に留まらず、広く全国的に周知徹底したいものです。

強い毒性の割には管理が甘い？

―― 除草剤

農業の生産には、いろいろの妨害物が存在します。雑草もその1つです。雑草は大切な栽培作物の養分を掠め取り、成長すれば栽培作物に覆いかぶさって日照を邪魔します。

このような雑草は根から取り除きたいところですが、地面に屈んでの雑草取りは思いのほかの重労働です。そこで開発されたのが雑草を選択的に取り除く**除草剤**です。

選択の基準としては、草本だけを取り除くとか、単子葉類（イネ、トウモロコシなど）だけを取り除くなどいろいろあります。古くから知られている除草剤には2,4-Dや2,4,5-Tなど、ベンゼン環に塩素原子が着いた**有機塩素化合物**があります。

●ダイオキシンの毒性

1960年代、ベトナム戦争を戦っていたアメリカ軍はベトナム軍が得意とする、ジャングルの茂みを利用した神出鬼没のゲリラ作戦に手を焼いていました。その結果、ジャングルの木々を枯らして丸裸にしてしまおうという「枯葉作戦」を敢行したのです。

この作戦のために大量の除草剤2,4-D、2,4,5-Tが合成され、空中から散布し、天然植物の宝庫だったジャングルに多大な被害を与えました。

ところが作戦が終わった地帯から思わぬ報告が届きました。その地帯では奇形の赤ちゃんが多数出産されているという事実です。その象徴が、体の一部が融合して生まれた双子の男子、ベトちゃん、ドクちゃんでした。2人は日本に来て分離手術を受け、手術は成功しましたが、大きな社会問題となりました。

その後、**奇形は枯葉剤そのものの毒性によるものではなく、枯葉剤に不純物として含まれる有機塩素化合物であるダイオキシンによるもの**であるとの説が現れました。

図 5-4-1●2,4-Dと2,4,5-T（左）、ダイオキシン（右）の化学構造式

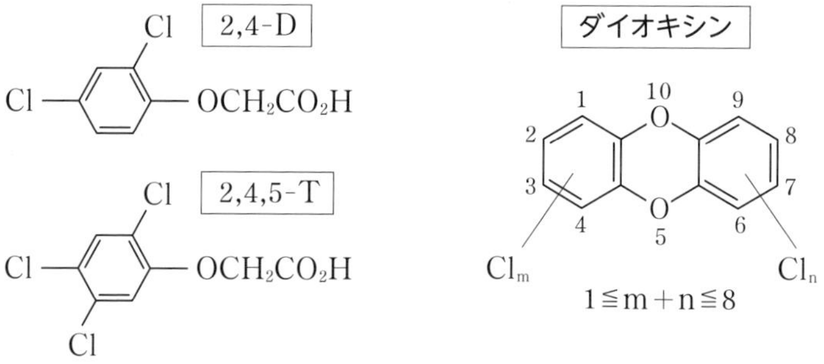

2,4-D
Cl
Cl — OCH_2CO_2H

2,4,5-T
Cl
Cl — OCH_2CO_2H
Cl

ダイオキシン
1 10 9
2 O 8
3 O 7
4 5 6
Cl_m Cl_n
$1 \leqq m + n \leqq 8$

ダイオキシンは自然界にはほとんど存在しない物質ですが、プラスチックの塩化ビニルのような有機塩素化合物が低温で燃焼するときに発生することがわかったのです。そのため、それまで使用されていたドラム缶利用のゴミ焼却炉は軒並み撤去され、日本中で高温焼却タイプの設備に更新されました。

この頃、インドやイタリアで化学工場の爆発事故があり、かなりの量のダイオキシンが市中に撒き散らされましたが、塩素による化

学火傷のほか、後遺症などは発見されなかったことから、ダイオキシンの有害性に疑問をはさむ声もありましたが、ダイオキシンの公害問題を問う声は大きくなる一方でした。

●除草剤の毒性

除草剤の中には除草剤そのものが強い毒性をもつものもありました。典型的なのが**パラコート**です。この毒性は非常に強く、しかも呼吸や誤飲によって吸収されるだけでなく、皮膚からも吸収されるのです。

ある農家で畑地に散布するために洗面器にパラコートの水溶液をつくっておいたところ、その家の主婦が間違って転んでそこでお尻をつき、皮膚からパラコートを吸収して亡くなるという事件が起きています。

図 5-4-2●パラコートの化学構造式

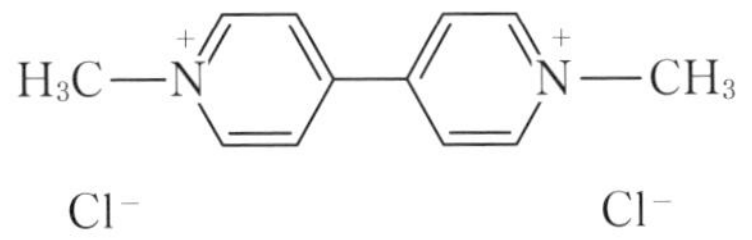

$$H_3C-\overset{+}{N}C_5H_4-C_5H_4\overset{+}{N}-CH_3 \quad Cl^- \quad Cl^-$$

パラコートはこのような怖ろしい劇物ですから、農家が購入するときには厳重な書類の提出が求められます。しかし、いったん農家の手に渡った後は、農家によっては野放し同然になります。

1987年、愛媛県の中学3年のクラスでパラコートを使った事件がありました。授業中に生徒が次々と体調不良を訴えたため、クラスの先生、生徒全員が病院に搬送され、胃洗浄などの処置を受けました。

幸い、全員に大きな問題はなかったのですが、生徒の話によると、前日の給食で出された味噌汁の味がおかしかったといいます。そこで残っていた味噌汁を検査したところ、農薬の混入が明らかになり、農薬パラコートの空き瓶が見つかったことから給食に猛毒パラコートが意識的に混入された事件とわかりました。

事件はイジメに端を発するものだったのですが、かんたんにパラコートを入手できたのは管理不十分だったためといえるでしょう。

●パラコート無差別殺人事件

1985年4月、広島県の国道を走っていたトラックの運転手が道路沿いに置いてあった自動販売機から清涼飲料水を買いました。ところが自販機の上に同じ飲料水の瓶が置いてあるのを見つけ、誰かが忘れたのだろうと思って、そのままクルマに持ち帰って飲んでしまったのです。その途端に気分が悪くなり、運転手は亡くなってしまいました。

吐しゃ物と空き瓶からパラコートが検出されたことからパラコートによる中毒事件とわかりました。

その後、9月12日に三重県、9月19日福井県、9月20日宮崎県、9月23日大阪府と、西日本一体をまたにかけて同様の事件が連続し、1985年だけで1都2府、22県で78件、死者17人に及ぶ大事件に発展して一大社会問題となりました。

そのうち何件かは自殺、事故の可能性もありましたが、少なくとも11件は他殺と断定されています。しかし警察の懸命な調査にも拘わらず、解決されたものは1件もありませんでした。すべての事件は迷宮入りです。

このようにパラコートの毒性はきわめて強いものがあり、事件の起きた1985年1年だけで中毒死者数は1021人に上り、うち自殺が985人、誤飲が14人となっています。このような危険なものが農薬として販売・使用されてよいのかという疑問が起きそうです。

●最近の除草剤ラウンドアップ

現在多用されている除草剤は**ラウンドアップ**です。このラウンドアップが掛かった植物は何でも枯れてしまうという、無差別性の除草剤です。したがって、大事な作物も枯れてしまいそうなものですが、そこは抜かりがありません。

というのは、遺伝子工学による品種改良によってラウンドアップに被害を受けない品種が開発され、ラウンドアップレディーの名前で販売されているからです。そして、ラウンドアップとラウンドアップレディーをセットで販売するのです。そのような作物にはダイズ、トウモロコシ、ナタネ、ワタ、テンサイ、アルファルファ、ジャガイモなどがあります。

このセットを購入した農家は除草の面倒なく作物を栽培できるというわけです。それだけではありません。農地に雑草は生えていないので、翌年は畑地を耕さなくてもよい（不耕起農法）のです。これは労力の節約以上の意味をもちます。

つまり、農地を細かく耕すと、肥えた農地が風や雨に運ばれて失われてしまいますが、耕さなければ昨年の作物の残渣が覆いになって（マルチング）、肥沃な土の流出を防いでくれるわけです。

図 5-4-3●ラウンドアップの化学構造式

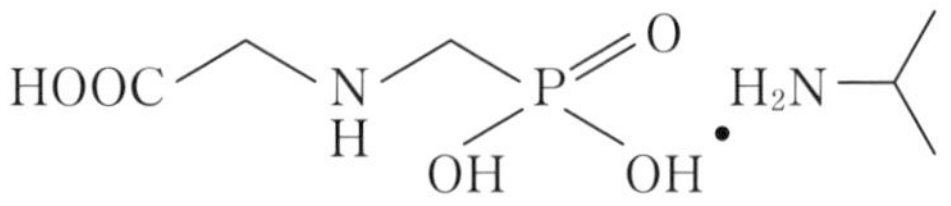

しかしラウンドアップにも弱点はあります。世界保健機関（WHO）の専門機関である国際がん研究機関（IARC）は2015年3月、ラウンドアップは5段階の発がん性分類リストの上から2番目のカテゴリー、「発がん性が疑われる」に分類されると報告しました。

これを根拠に、米国では「学校の校庭整備のために使用したラウンドアップが原因で悪性リンパ腫を発症した」として末期がん患者が損害賠償を求める訴訟が起きています。

訴訟は継続中であり、「使用説明書の通りに使用すれば問題ない」との研究者の意見もありますが、完全に無害な農薬はないということなのかもしれません。

5-5 動物、鳥などを近づけないために
―― 鳥獣忌避剤

●迷惑な訪問者たち

ベランダや庭の花壇などで園芸をしていると、さまざまな迷惑な訪問者が現れます。チョウチョ、コガネムシは可愛らしく見えますが、それでも卵を産むと幼虫が育ち、チョウチョの幼虫はミカンの木を丸裸にし、コガネムシの幼虫は野菜や花の根を食い切って枯らしてしまいます。

ミニトマトが熟す頃には小鳥が実をついばみに来ますし、果実の収穫は小鳥との取り合いになります。カラスが垣根に止まっていると、その存在感にたじろぎますし、スイカはそろそろ大きくなったなと思う頃に大きな穴が開いています。ネコは花壇にウンチを残してくれる始末です。

このように、敷地やベランダなどにやってくる動物、鳥、さらには蚊などを寄せ付けないようにする薬剤が**忌避剤**（きひざい）です。

●防虫剤――蚊、コクゾウムシ対策に

忌避剤のひとつが防虫剤です。防虫剤としては、それぞれの用途に応じてさまざまなものが開発、販売されています。

まず、誰もが使ったことのある忌避剤は蚊取り線香でしょう。病原体を媒介し、またかゆみや腫れなど不快感を与える蚊やダニを忌避する薬剤で、多くは渦巻き型の線香になっています。

蚊取線香は燃える寸前の熱い部分から有効成分が揮発し、煙に混じって蚊を追い払ってくれます。

また、虫除けスプレーと呼ばれる、蚊に直接ふり掛けるタイプもありますし、ミストタイプのもの、薬剤が飛散しないようにウエットシートになったものなどもあります。

有効成分は、ディートやイカリジンですが、ディートの使用に不安を感じる消費者がいるため、有効害虫としては限られるものの、イカリジンを使用した商品も増えています。

また、薬剤の臭いを嫌ったり、化学成分を嫌がる消費者向けに、ハーブやハッカなどの「天然成分」のみを用いた製品も市販されています。

米、麦、豆などの穀類を害虫から守るための食品添加物として、防虫剤が用いられることもあります。米櫃（こめびつ）用の防虫剤は、主に米櫃のふたや壁面に付着させたり、吊り下げたり、中に入れたりして用います。

原料はワサビ、唐辛子、シソ、茶エキスなどの食品由来成分を用いており、米を食害するコクゾウムシなどの虫を忌避したり、また米の匂いを脱臭する効果があります。

●肌に触れる防虫剤は安全か？

衣服を守るために用いる防虫剤は、健康に問題はないのでしょうか。衣服用の防虫剤にはナフタレンやパラジクロロベンゼンが使われているものがあります。しかし、両方とも芳香族化合物であり、一般に健康によくないとされます。そのうえに、パラジクロロベンゼンは有機塩素化合物であり、できるなら身のまわりに置きたくない物質です。

現にWHO（世界保健機関）のがんに特化した専門的な機関であるIARCでは、パラジクロロベンゼンに発がん性が認められるとしています。

●鳥獣対策の忌避剤

ネズミやゴキブリの忌避剤は古くからあり、かなり毒性の強い薬剤も使用されてきました。形状も液体のものから固体､粉末状､ジェル状とさまざまです。

ハト駆除用の忌避剤も、従来これらネズミやゴキブリの忌避剤に近いものが使用されてきました。中にはネズミ駆除用の忌避剤をハト対策にそのまま使用しているケースもありました。

これらは毒性が強く、ハトが近づくのを嫌がらせるというよりも、殺してしまう成分が含まれているため、ハトの死骸発生、さらには雨による薬剤の流出に伴い、「人体への悪影響」も問題となります。もっと強い粘着性のあるトリモチタイプの忌避剤もありますが、強い粘着剤によってハトが身動きが取れなくなり、死骸化してしまう事例もあります。

最近では、ハトを殺してしまうのではなく、ハトに嫌悪感を与えるタイプの忌避剤が現れています。これらはベタベタした感触がハトに不快感を与え、ハトが強烈に嫌う味と臭いが不快感を与え、ハトが近づかなくなるといいます。

ネコに対する忌避剤としては次のようなタイプがありますが、問題もあります。

- **タバコの吸殻水**：ネコだけでなく、人が誤って飲むとニコチン中毒になるおそれがある。
- **塩素系漂白剤**：ブリーチやハイターなどを濃いめに水で薄めて容器に入れておく。人の目、鼻、喉の粘膜を痛めるおそれがある。また、腐食するので金属部には使用できない。
- **ナフタリン**：ネットに入れて風上に吊るしたり、土に埋めておく。庭にフンや尿をされた場所に使用すると効果があるとされるが、幼児が誤って食べると中毒を起こすおそれがある。

以上のように、鳥獣レベルになると体も大きいため、それらの忌避剤は人間にも悪影響を与える危険性があります。よく注意して使いたいものです。

5-6

肥料は爆発する!?

―― 化学肥料、爆薬

本章の冒頭で、80億人もの世界人口を支える農業の功労者は「化学殺虫剤と化学肥料」だという主旨のことを書きましたが、中でも功労の度が高いのは**化学肥料**でしょう。ここまではずっと殺虫剤について述べてきましたが、最後に化学肥料とその危険性について触れておきましょう。

植物には三大栄養素と呼ばれるものがあります。窒素N、リンP、カリ（カリウム）Kの3つです。窒素は主に植物の体をつくり、リンは花や果実をつくり、カリは根を育てるといわれます。この中でも最も大切なのは「**窒素**」とされています。

図 5-6-1● 植物の三大栄養素は「窒素、リン、カリウム」

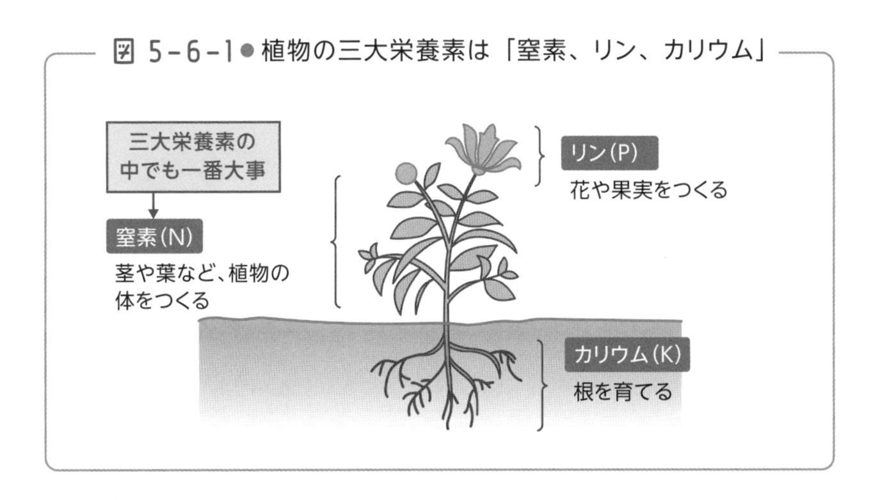

●空中の窒素を植物は摂り込めない？

「空気の体積の4/5は窒素」といわれていることからもわかるように、自然界（空気中）に窒素は無尽蔵といえるほどの量があります。

ということは、植物は三大栄養素の窒素を吸いたい放題、吸収し放題に見えますが、残念ながらそうではありません。一部の植物、たとえば藤やマメ科の植物を除く**大部分の植物は、気体状態の窒素をそのままでは栄養分として利用できない**のです。

では、植物が栄養用分として利用するためにはどうしたらいいのでしょうか。それは**窒素を水溶性の化合物に変化させる**ことです。その手段の1つが電気スパークです。

電気スパークは自然界でも起こります。雷の火花、すなわちイナヅマが電気スパークです。雷の放電によって窒素は酸化され窒素酸化物NOx（ノックス）となって雨に溶け、田園に降って植物の肥料となります。イナヅマが「稲の妻」として内助の功を発揮するのも、「カミナリの多い年は豊作だ」といわれるのも、このような理

図 5-6-2●「雷の多い年は豊作」の意味は？

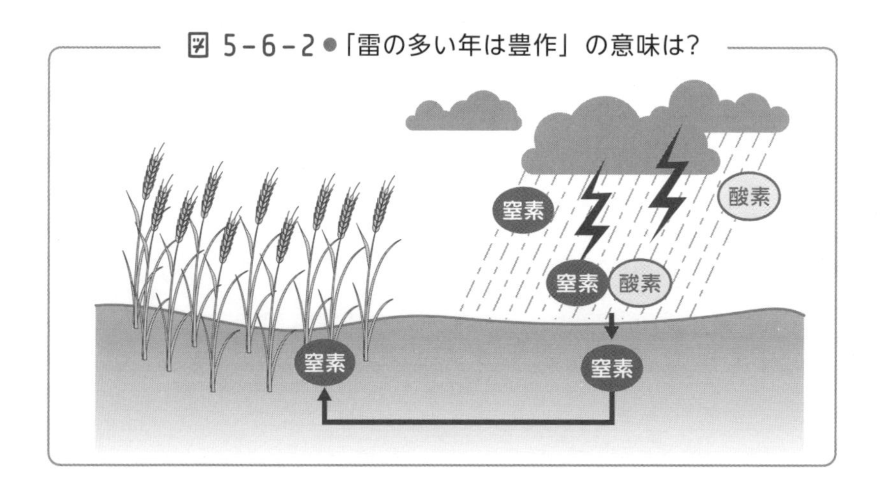

由があるからです。

しかし、空気中の窒素を人為的に固定して水溶性化合物にするのは長い間、不可能とされていました。

●ハーバー・ボッシュ法

ところが20世紀に入って間もない1906年、ドイツの2人の科学者、フリッツ・ハーバーとカール・ボッシュは空中の窒素ガスN_2と、水の電気分解で得た水素ガスH_2を鉄系触媒存在の下、高温（400～600℃）、高圧（200～1000気圧）で反応させることで、アンモニアガスNH_3を合成することに成功しました。この方法を2人の名前をとって**ハーバー・ボッシュ法**といいます。

アンモニアができればそれを酸化して硝酸HNO_3をつくるのは、当時としても既知の化学反応です。そして、その硝酸とアンモニアを反応させて硝酸アンモニウムNH_4NO_3をつくり、硫酸H_2SO_4とアンモニアを反応させて硫酸アンモニウム（NH_4）$_2SO_4$をつくり、硝酸とカリウムKとを反応させて硝酸カリウムKNO_3をつくるのも容易です。

図 5-6-3●化学肥料の合成方法

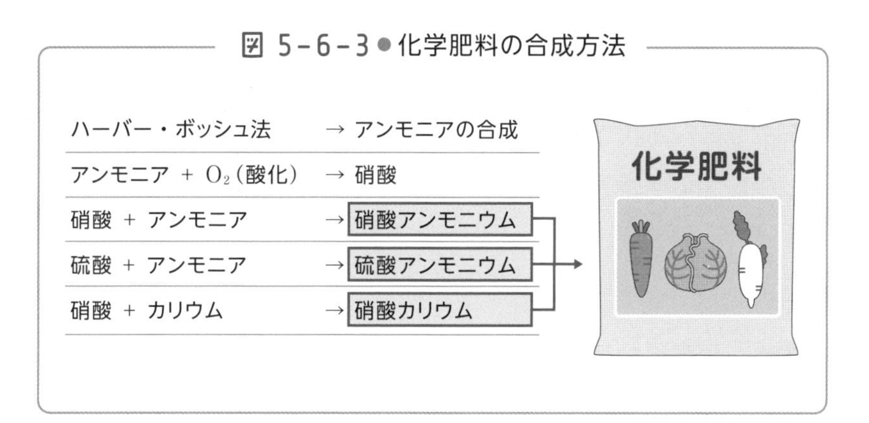

図5−6−3で□で囲った**硝酸アンモニウム（硝安）、硫酸アンモニウム（硫安）、硝酸カリウム（硝石）はいずれもよく知られた化学肥料**です。その中でも硝安は1分子中に2個の窒素原子をもつ優れた化学肥料です。

一方、硝石は肥料としてよりも、古来から伝わる「黒色火薬」の原料、あるいは新しい無煙火薬の原料として有名で、火薬における酸素供給剤としてよく知られています。

●硝安は肥料だが、爆発事件のもとにも

「硝安は優れた化学肥料」といいましたが、実は、**硝安は大爆発を起こすことでもよく知られている**代物です。硝安で起こった大爆発事故としては、1921年にドイツのオッパウで起きた大惨事があります。そこにあった化学薬品工場で硝安と硫安の固まった4500トンもの塊をダイナマイトで爆破粉砕していたところ、突如、塊全体が爆発し、死者・行方不明者約700人、負傷者約2000人を出しました。

また1947年にはアメリカ・テキサス州の港に停泊していた貨物船の船倉で火災が発生し、積荷の硝安2300トンが爆発。死者・行方不明者576人を出しています。

事故は最近も起きており、2001年9月にはフランスのトゥールーズで硝安300トンが爆発して死者31人を、2013年にはアメリカ・テキサスの肥料倉庫で爆発して死者15人を、2015年8月には中国・天津の湾岸コンテナ倉庫群で爆発して死者165人、負傷者798人の大事故が起きています。

●アンホ爆薬

図5−6−4 岩の穿孔部にアンホ爆薬を詰めているところ
資料出所：Timo Halén

このようなことで、最近では硝安を原料にした「**アンホ爆薬**」がつくられています。製造法は簡単で、ある種の可燃性液体と硝安とを混ぜて練っただけです。形状、爆破性能は軍事用のプラスチック爆弾と同様で、粘土と同じように成形自由なので岩の間の隙間に詰め込むことも可能です。信管で爆発可能で、不要になったらマッチで火を着ければ燃えてなくなります。

アンホ爆薬はプラスチック爆弾とは違って、甘くないので若い兵隊に食べられる心配もありません（プラスチック爆弾は甘いので、若い米兵がお菓子として食べることがあり、「食べないように！」との通達が出たことがあるといいます）。

かつては軍事用の火薬といえばTNT（トリニトロトルエン）、民生用はダイナマイトが多かったのですが、最近はアンホ爆薬のほうがダイナマイトの2倍も需要が多いと聞いています。

●クルマにもアンホ爆薬

2017年頃、米国において日本メーカー製の自動車用エアバッグが続けて爆発し、大きな問題となりました。エアバッグは事故と同時に瞬時に膨らまなければ役に立ちません。風船を膨らませるには、爆発の爆風を利用するのが一番です。このため、ここでもアンホ爆薬を主体とした爆薬が用いられていたといいますが、爆薬の安定性に問題があったようでした。

学校・オフィスの危険物

6-1 教室やオフィスで毎日使うものに潜む危険性

――粉じん・可塑性

学校は子どもたちが毎日何時間かを過ごす場であり、オフィスはビジネスマンが一日の大半を過ごす場です。それだけに、いずれも機能的で安全な場でなければなりません。

しかし注意深く見てみると、安全性に欠ける部分が多数あります。ここではそのような部分を掘り出してみましょう。

●チョークの意外な危険性

学校の教室といえば、黒板とチョークが思い浮かびます。もし、黒板やチョークに問題があるとしたら、その被害者は子ども、そして何よりもいちばん近くにいる先生でしょう。

先生は授業時間の大半、チョークを使って黒板に字や図を書き、それを消してはまた書きます。書くときはともかく、黒板の文字を消すときには白い粉が舞いますし、黒板消しが白くなったときは放課後、窓を開けて黒板を校舎の外壁に叩きつけるようにしてホコリを取るようなこともあるでしょう。

当然、そのたびに少なからぬ量のチョークの粉が舞います。子どもたちや先生はこの粉を吸うことになりますが、大丈夫なのでしょうか。

チョークの粉などの粉じんを長期にわたって吸引すると、「じん肺」を発生する危険性があります。インフルエンザ、花粉、タバコの煙、岩石の粒子などを吸い込むことで肺が線維化するのですが、この線維化した肺のことを「じん肺」（病名は「じん肺症」）と呼んでいます。

患者の肺では細胞線維の増殖が起こり、肺が固くなって呼吸が困難になります。そのまま放っておくと肺結核、気管支炎などの病気が起きやすくなるとされています。また、粉じんの種類によっては、アレルギーやがんなどが生じる危険性もあります。

図 6-1-1●粉じんによって「じん肺」が起きる

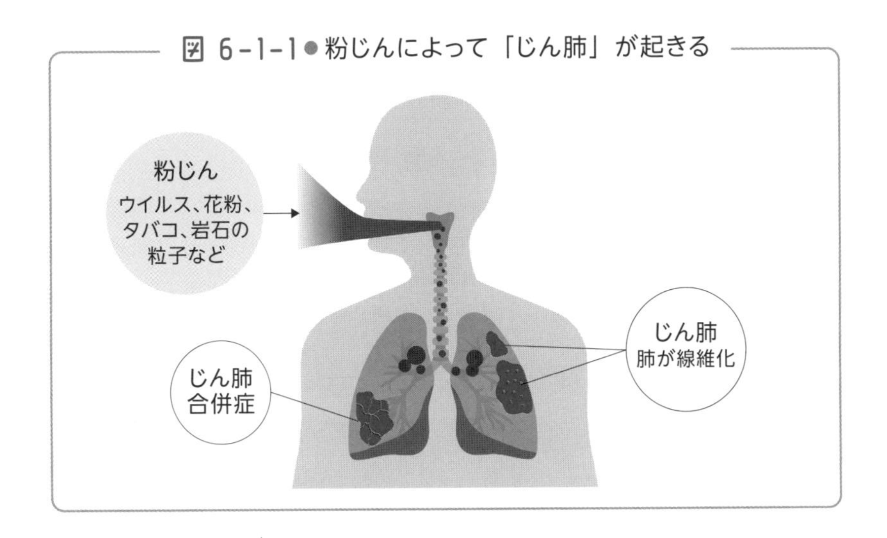

チョークの主成分は石膏（硫酸カルシウム）か、あるいは貝殻や卵殻を砕いた炭酸カルシウムが中心です。最近は炭酸カルシウムを使ったものが増えていますが、安全なはずの炭酸カルシウムのチョークの粉じんであっても、肺に入るとじん肺を引き起こす危険性があるといいます。

チョークから粉じんが出る可能性は黒板に書いているときよりも、黒板消しを使って消しているとき、そして黒板消しを叩いてホコリを出しているときのほう大きいのです。少なくともチョークの粉をまき散らさないための黒板拭きクリーナーをすべての教室に備えるなどの処置が必要といえます。

●油性サインペンの有機溶剤は危険

仕事場では、サインペンを使うことがあると思いますが、なかでも油性のサインペンには**有機溶剤**が使われています。有機溶剤とは、前にも述べたように他の物質を溶かす性質をもった有機化合物のことです。有機溶剤は通常は液体ですが気化しやすく、人の肺に入り込みやすい性質をもっています。

また、有機溶剤はかつては「シンナー」と呼ばれるベンゼン系の有機溶剤や酢酸エチルなどが使われていました。現在ではそのような溶剤は家庭用には使われていませんが、それでも多くの有機溶剤は健康によくありません。小さい部屋で、大勢で使う場合には換気に気をつけるべきです。

なお、ほとんどの有機溶剤は可燃性なので、火気の近くで使うことは厳禁です。

●消しゴムは何でつくられている？

消しゴムは「ゴム」と名前がついていますが、現在の消しゴムの大部分はゴム製ではありません。お手持ちの消しゴムをよく見てください。「**塩化ビニル**」（PVC：ポリ塩化ビニル）と書いてあるのではないでしょうか。

塩化ビニルはゴムではなく、プラスチックであり、典型的な有機塩素化合物です。本来、有機塩素化合物というのはガラスのように硬いものですが、それが軟らかい消しゴムの材料として使われているのは、有機塩素化合物に「**可塑剤**」という軟らかい物質が混ぜられているからです。

しかもその量は微量ではなく、50％以上のケースもあります。つまり、消しゴムの重さの半分以上は可塑剤なのです。これでは「可塑剤製」と書いたほうが正しいようなものです。

では、可塑剤の性質とはどういうものでしょうか。可塑剤はフタル酸エステルという物質です。世界保健機関（WHO）の機関のひとつ、国際がん研究機関（IARC）では、フタル酸エステルは人に対して発がん性をもつ危険性があると指摘していますし、国内外で規制があります。

フタル酸エステルは消しゴムだけでなく、食品のパッケージやビニールフロア、接着剤、ヘアスプレーなど多種のものに使用されています。

図 6-1-2●フタル酸エステルの用途

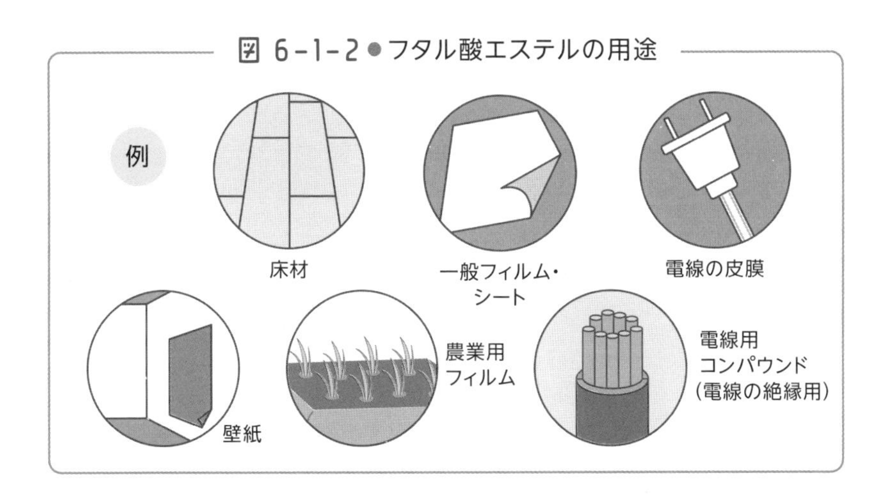

●可塑剤が輸血液に溶けてショック状態

塩化ビニルの可塑剤がはじめて問題になったのは、ベトナム戦争（1954～1975）において負傷兵に輸血をしているときだったといいます。それまでは血液を入れる容器も、針に繋ぐチューブも、すべて天然ゴム製でした。それが塩化ビニル製に変わった途端、輸血の途中でショック症状を起こす兵士が続出したというのです。調べてみたところ、塩化ビニルに含まれている可塑剤が血液に溶け出し、患者の体内に注入されていたことが原因でした。

また消しゴムの消しくずは、最近話題のマイクロプラスチック（海の公害）の原料になるといいます。

子どもたちは形が可愛く、色の綺麗な消しゴムをおもちゃのようにいじって遊ぶことが多いようです。文字の修正で使うときは別として、遊び感覚でいじるのはどうかと思います。ましてや、幼児が口に入れたりしないように注意したいものです。

白線、美術室の石膏、人工芝の黒ゴムチップ

――消石灰・硫酸カルシウム・粉じん

校庭は子供たちが授業の間の休憩時間、あるいは放課後に鬼ごっこやかけっこをして遊ぶ空間であり、野球部やサッカー部が練習をする空間でもあります。こんなところにも、実は化学的危険物が隠れているのです。

●白線の消石灰、硫酸カルシウム

グラウンドといえば、ランニングのコースを分ける白線です。野球部やサッカー部も、白線を引きます。また、黒い土と白線のコントラストは運動会の象徴といえるでしょう。

グラウンドの白線には、以前は**消石灰**（水酸化カルシウム、$Ca(OH)_2$）が使用されていました。しかし消石灰は強アルカリ性のため、皮膚・粘膜に炎症を起こし、目に入ると角膜や結膜などを侵し、視力に影響を及ぼすこともあります。

そこで現在は炭酸カルシウム（貝殻粉など）に変わってきていますが、一部には、まだ消石灰でライン引きを用いているところも残っていると報告されています。そのような場合は、ただちに使用を中止して炭酸カルシウムに変更すべきです。

また、農業高校の農業実習、あるいは小・中学校の学校菜園でも、酸性土壌を中和するために消石灰を使ったり、アルカリ土を中和するために硫酸カルシウム（$CaSO_4$）を使ったりします。そのような作業をする場合は、防じんマスクとゴーグルを使用するなどの注意が必要です。これは教育現場だけの話ではなく、実際の農作業に関してもいえることです。

●石膏による硫化水素事件

石膏（せっこう）は、硫酸カルシウムを主成分とする鉱物で、美術や陶芸などの実習で使用しますが、皮膚障害、アレルギーを発生することがあります。

図 6-2-1●美術室で見かける石膏像とカルシウム

美術室にある石膏の怖さについては、次の硫化水素による事故でご紹介しましょう。

2002年愛知県半田市でマンホールの工事をしていた作業員5人がマンホール内で次々に倒れ、全員が亡くなるという大事故が起きました。原因は猛毒のガス、硫化水素H_2Sによるものでした。

硫化水素は温泉地帯に発生することがあり、そのため温泉地帯はゆで卵のような臭い、あるいは腐卵臭がしたりします。

しかし硫化水素にそのような臭いが発生するのは、実は硫化水素の濃度が低いときだけであり、致死に至るような濃度の高いときには嗅覚が麻痺して臭いを感じないといいます。

したがって高濃度地帯に入ると、臭いに気づくとすぐに卒倒し、そのままガスを吸い続けて命を失うといいます。

では、温泉地帯でもない愛知県半田市のマンホール内に、なぜ硫化水素が溜まっていたのでしょうか。それは石膏が原因でした。当時、現場近くではビルの解体工事が行なわれており、天井板に使った石膏合板の廃材がマンホールの近くに積んであったといいます。

石膏は水に溶けます。その溶液がマンホール内に溜まり、それを微生物が発酵して硫化水素に変えたのだといいます。石膏がそのように危険なものだとは、誰も気づかなかったようです。思いもしないところに、危険は潜んでいるのです。

●人工芝は何が危険なのか？

東京都内の小学校の校庭では、人工芝が敷かれていることもありますが、人工芝でよく見かけるのは、野球場、サッカー場などの本格的なスポーツ施設に設置された人工芝で、ここにも危険が隠れています。

長い人工芝を立たせるためには根元部分にカーボンブラック（炭素の微粒子）を敷き詰めますが、アメリカではその原料として古タイヤのゴムチップ（着色したゴムを砕いた舗装材）を利用していたようです。

そのためゴールキーパーが人工芝の上を低い位置でスライドすると、そのたびに**黒ゴムチップ**が擦れて粉じんとなって宙を舞い、それをゴールキーパーが吸い込みます。その結果、「がんになった」という訴訟がアメリカで起こされています。

日本国内の人工芝では、米国で問題になったような古タイヤのゴムチップを利用していませんが、ゴムチップそのものは使用されていて、古くなると微小になって空中に飛散します。

図 6-2-2●人工芝の構造

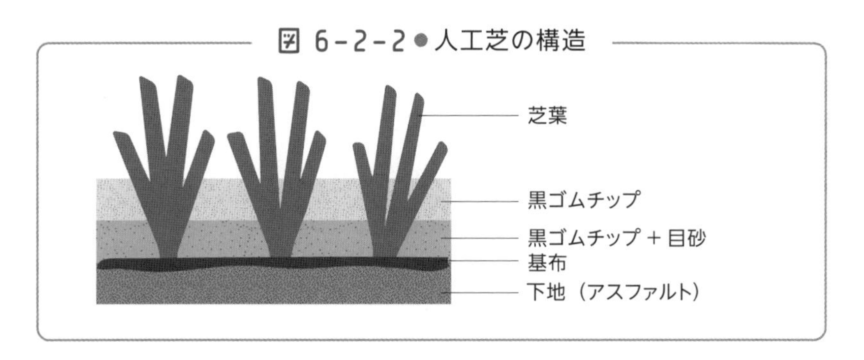

人工芝の上に長くいれば、知らずしらずのうちにゴムチップから出た粉じんを吸い込むことになります。たとえ、がんを生じなかったとしても、米国では呼吸器疾患も多く出ているといいます。

図6−2−3 直径3 ～ 500nmのカーボンブラック（炭素の微粒子）

学校の中で最も危険性の高いものが置いてある実験室

——実験室で注意すること

学校の化学実験室や生物実験室には、たくさんの実験器具や薬品が置いてあります。生物や化学が好きな子にとっては宝物に囲まれた部屋のように見えたかもしれません。見るもの、触れるものが目新しく、物珍しいはずです。

しかし、実験室というのは、学校の中で最も危険性の高いものが置いてある場所なのです。

●ホルマリン標本の怖さ

生物実験室のガラス棚の中には、広口瓶(ひろくちびん)に入ったカエルやヘビの白くなった標本が透明な液体に漬かって並んでいたはずです。この液体は**ホルマリン**（3章5節を参照）で、劇薬ホルムアルデヒドHCHOの濃度30%ほどの水溶液です。

ホルマリンはタンパク質を硬化・変性させて、タンパク質としての機能を失わせる作用があります。つまりタンパク質を殺してしまうのです。

もし標本をいじっていて、床に広口瓶を落として中のホルマリンが飛び散ったらどうでしょうか。肌に掛かれば刺激性皮膚炎を起こします。急性中毒症状としては、ホルムアルデヒドのガスを吸入することによって、目・鼻・呼吸器が刺激され、くしゃみ、咳、よだれ、涙が出ます。高濃度になると呼吸困難・肺浮腫などを発生することもあります。

こうなったら学校の医務室の手に余るので、救急車の出動です。また、慢性毒性中毒症状としては、吸入または接触により結膜炎・鼻咽喉炎（びいんこうえん）・頑固な皮膚炎を起こすことが知られています。

生物標本はなにげない顔をして棚の奥にたたずんでいますが、悪ふざけをしていると、大きな害をもたらす危険物なのだという認識をもつべきです。

●実験試薬

化学実験室には各種の有機溶媒、各種の酸、アルカリなどの薬品が並んでいます。どれも危険な薬品ばかりです。落とすなどは論外としても、次のような点に注意する必要があります。

❶有機溶媒の臭気

有機溶媒はどれも特有な臭いがします。それらの中には、とても耐えられないほど臭う溶媒もあります。急に強くて不快な臭いをかぐと、慣れない人は昏倒する危険性もあります。

ではどうしたらよいでしょうか。

①いきなり臭いをかぐ

②瓶の前で手であおいで慎重に臭いをかぐ

の2つが考えられます。

答えはもちろん、**臭いをかぐときは必ず手で瓶の口をあおいで、臭いを慎重にかぐ**ようにします。この鉄則を忘れて鼻をいきなり近づけると、次のイラストのようにひどくむせこんでしまい、しばらくの間、苦しむケースもあります。有機溶媒の臭気はそれほど強いのです。

❷火気に注意

多くの有機溶媒は可燃性であるばかりでなく、強い引火性をもっています。引火性とは、炎に直接触れなくても、炎の近くにあるだけで着火することです。

実験台の上にブンゼンバーナーやアルコールランプなどの火気がある場合には、有機溶媒の取り扱いには特に注意し、引火による火災に注意しなければなりません。

❸化学火傷

皮膚に酸などがかかると皮膚が赤くなってヒリヒリしたり、水ぶくれができたりします。このような現象を化学火傷といいます。もし酸が手などにかかったら水道水を大量にかけ流しにして、よく洗わなければなりません。

アルカリはタンパク質を溶かす恐れがあります。アルカリ溶液が目に入ることのないように、**アルカリ溶液の入った容器は目の高さ以上に持ち上げてはいけない**ことを厳守してください。万一アルカリ溶液が目に入ったら大量の水道水でよく洗い、一刻も早く病院に行くこと。

　間違っても、「中和させればいいのでは？」と薄い酸性溶液で洗ってみようなどと考えてはいけません。中和反応は過激な発熱反応だからです。

濃度10倍で実験して子どもにやけどを？

――教師の力不足による危険性

●危険な実験

学校実験では時折事故が起きて新聞に載ることがあります。その場合、先生、子どもの実験に対する経験、知識不足が大きな事故につながるケースが多いのです。それらの事例を見てみましょう。

❶子どもの不慣れ――溶液を容器に入れられない？

瓶に入った薬品をビーカーなどに移すという、非常に単純な操作をうまくできない子供がいつの世にもいるものです。たぶん、家でキッチンの手伝いなどをしたことがないのでしょう。瓶を勢いよく傾けたため、液体がビーカーの上を通りこして反対側のテーブルの上にこぼれる子ども。反対にオドオドしているので、液体が瓶の側面を伝って瓶の底からダラダラ流れる子ども。

これでは危なくて酸やアルカリなどをいじらせることはできません。仕方がないので、水を使って「操作の練習」をやらせることになります。これでは学校でまともな化学実験をやる、などというのは遠い先の話になりそうです。

❷先生の不慣れ――ナトリウムと水の反応

子どものみならず先生も、実験に慣れていないのか、それとも学生時代に実験を怠ったまま先生になってしまったのか、とても考えられないような失敗をやることが起きてしまうことがあります。

ナトリウムNaは水と反応して発熱的に反応し、可燃性の水素ガスH_2を発生します。米粒大に切ったナトリウム片を洗面器などに入れた水に落とす実験があります。

どういう実験かというと、水より比重の小さいナトリウムは音と白煙を上げて水面を動き回り、最後に「バッ」という音と火花を発して消えてしまう、というものです。

ところが教師の不手際で、ナトリウム片が大き過ぎたり、水への入れ方が乱雑だと、水しぶきが立って近くの子どもに溶液がかかることがあるのです。ナトリウム片の入った水は強アルカリ性です。もし目に入ったら、ただちに病院に行くべきです。

$$2Na + 2H_2O \rightarrow 2NaOH + H_2$$

❸危ない実験——有毒ガスの発生

中学校の理科実験で、生徒10人ほどが救急車で搬送された事件がありました。実験内容としては、鉄Feと硫黄Sの混合物を加熱して硫化鉄FeSをつくり、それに塩酸HCを加えるというものでした。

混合物を加熱する際に中間物として二酸化硫黄SO_2が、そして塩酸を加えると硫化水素H_2Sがそれぞれ発生します。

$$Fe + S \rightarrow FeS$$
$$(S + O_2 \rightarrow SO_2)$$
$$FeS + 2HCl \rightarrow FeCl_2 + H_2S$$

二酸化硫黄の発生はこの実験の本質的な部分ではなく、硫黄を用いることによっていわば仕方なく起こった余計物の反応です。発生する二酸化硫黄、硫化水素という気体はいずれも有毒で、特に硫化水素は猛毒中の猛毒です。高濃度だと命にかかわります。

この中学校での事故は、これらの有毒な気体を吸い込んで起きたものと考えられます。もう少し安全な実験は考えられないのでしょうか。

❹先生の無知——事故ではなく、もはや事件！

これは最近、ある小学校で起きた事件です。木の葉の葉緑素を脱色し、葉脈をはっきり見る実験をしていたといいます。

問題は火の着いたカセットコンロにメタノールを入れたビーカーを置き、メタノールを直火で加熱していたことです（指導書では「エタノールを湯煎（ゆせん）する」と書いてあったそうです。そもそもエタノールとメタノール、湯煎と直火の違いがわからなかったのでしょうか)。

さらに驚くべきことに、メタノールが蒸発して少なくなったので、先生がメタノールを継ぎ足したのです。その際、カセットコンロの火を消さず、**火が着いたままの状態でメタノール(大型容器に入っていた)を注いだ**のだそうです。当然、メタノールはこぼれ、そのメタノールに火が着き、近くで見ていた何人かの子どもが火傷を負いました。うち一人は重傷だったそうです。

信じられない事故ですが、これはもはや、事故というより「無知が起こした事件」ともいうべき事柄です。

●10倍もの濃度の間違い

中学校の理科の授業で、過酸化水素H_2O_2を分解して酸素を発生させる反応の触媒として二酸化マンガンMnO_2の効果を見る実験をしていました。そして、生徒たちが二酸化マンガンと過酸化水素水とを混ぜたところ、試験管から液体が噴き出したというのです。この事故で生徒12人が目や手足などに痛みを訴え病院に運ばれまし

たが、幸いにも全員けがは軽いもので済みました。

今回の失敗の原因は、**高濃度（30％）の過酸化水素水がそのまま生徒たちに手渡されていた**点です。実験の前に過酸化水素水を薄める作業が必要でしたが、授業を担当した教員は「薄めるのを怠った」といいます。

以前、この教師が勤めていた別の学校では過酸化水素水は初めから濃度3％だったため、薄めずにそのまま使えるものだったそうです。しかし、この学校で用意されていた過酸化水素水は濃度が10倍の30％の濃い溶液だったため、薄めて使わなければならなかったのです。

これは**「試薬の濃度を確認する」という、とても初歩的な操作をおろそかにしたために起きた事故**でした。

もし、実験に関して実力や経験、知識がないのであれば、先生としては準備も含めて慎重に行動する必要があります。実験に使う化学薬品は、直接触れたり、ガスを吸ったりすると危険なものが多いのですから、それを考えずに行動されては、その結果は想像するのも怖ろしいことです。

混入事件とアレルギー

―― 楽しいはずの給食にも危険

給食の時間は子どもにとって待ち遠しく、楽しい時間です。でも、気をつけていないと、悲しい事故の思い出として残ることだってあります。

●異物、汚物の混入事件

給食の中に異物が混入することがあります。異物といっても、種類はいろいろです。糸くずのようにほとんど問題にならないようなものもありますが、飲み込めば危険となるものとして、針金、陶磁器の破片、金属片、ガラス片などがあります。衛生的に問題のあるものとしては、昆虫やその幼虫があります。幼虫は野菜にでも紛れ込んでいたのでしょう。

2021年には、神奈川県の中学校で、民間業者に委託していたデリバリー給食でカメムシ（悪臭を放つ）らしき昆虫の一部が混入していた事件がありました。これも「たまたま入っていた」にすぎないのでしょう。

しかし、偶然ではなく誰かが意図的に異物を入れる場合には、甚大な被害に至る危険性があります。5章4節で見た「味噌汁に除草剤のパラコートが入れられた事件」はイジメが発端で、大きな事件にまで発展しました。

異物ではなく、**汚物が意図的に給食に混入された**こともあります。2021年には愛知県の給食センターでつくられ配送された給食の中に汚物を混入させたとして、この学校に勤める20歳代の女性職員が書類送検（2022年）されています（女性は容疑を否定）。

校長が給食を検食しようとした際に異臭に気づいたため、実際に食べた人はいなかったそうですし、校長も口に運びはしなかったそうです。

その後の検査で、給食から「大腸菌」が検出されました。しかし給食センターからは大腸菌が検出されなかったことから、その学校の関係者が故意に排泄物を入れた可能性があるとして、警察に届け出ていました。校長先生も大変な仕事です。

●ジャガイモによる食中毒は要注意！

給食の危険性の多くは食中毒にあるといってよいでしょう。

次の図6−5−1は、学校給食における食中毒の発生件数と有症者数の推移を表わしたものです。**1件当たりの有症者数が多いのが学校給食の食中毒の特徴**のようです。全体に右下がりに見えますが、多い年と少ない年が不規則に並んでおり、はっきりした傾向はわかりません。

食中毒の原因になる病原体には、細菌とウイルスがあります。最近ではノロウイルスが多いようです。**ノロウイルスの特徴は季節に関係なく発生すること**です。寒い冬だから食中毒はないだろう、と安心することはできません。

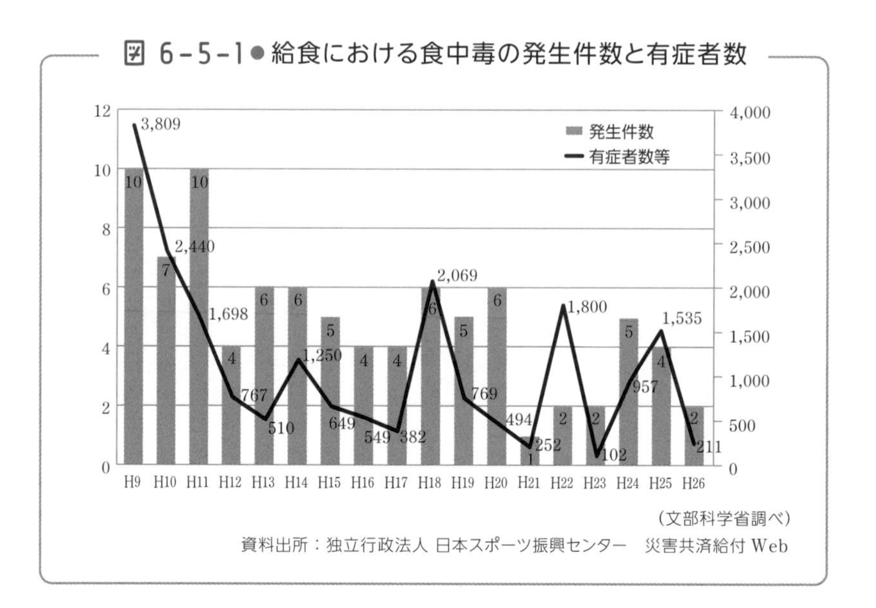

図 6-5-1●給食における食中毒の発生件数と有症者数

（文部科学省調べ）
資料出所：独立行政法人 日本スポーツ振興センター　災害共済給付 Web

近年では、学校内の菜園や家庭菜園が行なわれ、その中でもジャガイモはかんたんに収穫でき、味もいいので人気です。

ただ、**ジャガイモの芽や葉の部分には天然毒のソラニン**が多く含まれています。その中でも若くて緑色（青色）の未熟なジャガイモには特にソラニンが多く含まれていることがあり、吐き気や下痢などの食中毒の原因となります。

ジャガイモを調理するときには、芽の部分は深くまでしっかり取り去り、緑色の部分も深めに皮をむくなど、手間を惜しまないようにしたいものです。

●増加する子どもたちのアレルギー

最近は、昔に比べてアレルギーで苦しんでいる子が増えています。アレルギーは先に見た（1章8節）免疫系による抗原抗体反応の一種です。抗原抗体反応は正常に働いている分には心強い味方といえるものなのですが、レールを外れると困ったことになります。

最も困るのは、**自分の体そのものを抗原と勘違いして、自分自身を攻撃する反応**です。こうなると、止める手立てはなかなか見つかりません。お年寄りに多いリューマチはその典型です。

子どもに多いのは皮膚に現れる**アトピー性皮膚炎**があります。痒(かゆ)いので大変だと思いますが、ある年齢に達すると軽症になることも多いといいますから、しばらくの辛抱かもしれません。

●食品アレルギーへの学校での対応

さて、ありふれたアレルギーのように思われている1つが、**食品アレルギー**ですが、実はとても怖いものなのです。アレルギーの原因物質(アレルゲン)にはさまざまなものがあります。あげてみると、ソバ、小麦、卵、肉、牛乳など、まるで何でもアレルゲンになることができるようです。

中には症状の激しいアナフィラキシー・ショックに陥る子もいて、そのような子については家庭から学校にアレルゲンになる食物のリストが渡され、学校ではその食物を外して調理する「特別メニュー」が用意されています。したがってアレルギー事故の直接の原因の多

くは、配膳のミスによるものが多いようです。

アナフィラキシー・ショックを起こした場合の応急処置用に**エピペン**が用意してあります。万一の場合にはただちに処理できるように、関係者は使い方を習熟しているべきです。

給食をつくる調理関係者も、配膳を受けもつ担当の先生も十分に注意をしているはずですが、それでもミスが起こることはあります。人間の行動にミスはつきものだからです。人の命を預かる仕事だとか、先生だとかといっても、ミスはある確率で起こります。

ミスを個人の責任にするのは責任転嫁です。事故の起こりにくいシステム、事故が起きても回復できるシステムを考えるべきです。特別メニューの子だけを別室に集めて、保険の先生が立会いの下で食事をするくらいのことは、すぐにでも対応できることではないでしょうか。

6-6 プリンターのトナー、インク

―― 有機溶剤の混合物

●トナーの何が危険?

学校やオフィスにおいて、プリンターを操作するのは日常のことです。プリンターにはトナーを用いるレーザープリンターとインクを用いるインクジェットプリンターがあります。

トナーの正体はカーボンブラック、要するに炭素です。IARC(国際がん研究機関)の分類によると、カーボンブラックは「2B」というグループに分類されます。

図 6-6-1●発がん性物質の分類

カテゴリ	種類	判断	例
グループ1	121	ヒトに対して発がん性がある	アルコール飲料、ベンゼン、アフラトキシンなど
グループ2A	90	ヒトに対しておそらく発がん性がある	アクリルアミド、亜硝酸塩など
グループ2B	322	ヒトに対して発がん性がある可能性がある	カーボンブラック、ワラビ、お漬物、鉛など
グループ3	498	ヒトに対して発がん性について分類できない	――

これは、上から3番目のカテゴリで、「ヒトに対して発がん性がある可能性がある」という物質に相当します。

「発がん性がある可能性がある」とは、また持って回った表現ですが、要するに、「発がんの可能性がない、とはいえない」ということですから、「発がんの可能性はない」と言い切っているわけではありません。

トナー式のプリンターの使用を今すぐにやめることはないでしょうが、できるだけ使用機会を減らすほうがよいということでしょう。

●インクの危険性

インクは顔料、染料ともに有機溶剤の混合物です。すでに述べてきたように、多くの有機溶剤は人体にとって無害といえません。皮膚に付着させない、吸引しない、まして飲んだりはしないことが大切です。もし皮膚に付着した場合には十分な水とセッケンで洗うこと、誤って目に入ったときは、ただちに十分な水で洗い流し、専門医の指示を受けることが大切です。

また、吸入した場合には新鮮な空気のある場所に移動し、温かくして休みましょう。そして摂取した場合にはいかなる環境にあっても吐かずに（5章4節、クロルピクリンでの事件）、ただちに医師等による診察を受けることです。

インクを含む物質で最も危険な薬剤はジエチレングリコール（ジエチルグリコール）で、これは自動車の不凍液の成分と同じものです。かつては水薬の増量剤、ワインの甘味料として用いられたことがあり、慢性中毒とそれによる死亡例はたくさんあります。

万が一インクを誤飲したときはインクに付帯する安全データシートを確認して、もしジエチレングリコールが使われている場合には、医師にその旨を伝えることが必要です。

きけんぶつのかがくの窓

「消火剤」にも危険性がある

本当は使うような事態に遭遇したくないけれど、イザという場合には躊躇することなく、敢然と使わなければならないのが消火器です。消火器の中に入っているのは消火剤です。

消火剤は、火事を消し止めるという重要な役割を求められるので、消火剤には強力な消化作用が必要です。また、めったに使われないものですから、少々の危険性はさておいても消火性のほうが優先されるのも仕方のないことかもしれません。

●火事の鎮火どころか、増大する危険性も？

どこの家庭のキッチンにも消火器は置いてあるでしょうが、それを実際に使ったことのある人はもちろん、消火器を実際に使っている人を見たことのある人も少ないのではないでしょうか。

消火器を操作すると、消火剤が吹き出します。その勢いはびっくりするほどです。家庭の小さな天ぷら鍋などひっくり返り、飛び散ってしまうほどの勢いです。もし、火がついて燃えている天ぷら鍋がひっくり返ってしまったら、キッチンは消化されるどころか、火で覆われてしまいます。

消防署はこのようなことのないよう、常に住民に対しデモンストレーションをやってもらいたいものです。

●消火剤の種類

消火剤にはいろいろの種類があります。主なタイプを見ておきましょう。

❶強化液消火器：炭酸カリウム K_2CO_3 の濃厚水溶液が入っているタイプです。天ぷらなどの油火災では、K_2CO_3 が油と反応して油を瞬時にセッケンに変え、不燃化します。天ぷら火災には最も有効な消火器といえます。

❷泡消火器：消火器の内部に硫酸アルミニウム $Al_2(SO_4)_3$ と重炭酸ナトリウム $NaHCO_3$（重曹）が分かれて入っているタイプです。消火器を転倒させると両者が混じりあい、白い泡が二酸化炭素の圧力によって吹き出し、火災源を冷却消火します。

❸二酸化炭素消火器：高圧の二酸化炭素を用います。二酸化炭素が空気を遮断することによって消火するタイプです。消火剤による汚損がないので電気設備、コンピュータ関係の火災に適しています。

さて、3つの消火剤についてかんたんに説明してきましたが、これら消火剤そのものに危険性があります。

❶の炭酸カリウムの濃厚水溶液は、強い塩基性です。皮膚に掛かれば炎症を起こしますし、目に入れば失明の危険性があります。また、❷の泡消火剤は、電気が泡に伝わると感電の危険性があります。❸の二酸化炭素は低濃度（2%以下）では無害ですが、高濃度になるときわめて危険です。すなわち、消火濃度である35%では即時に意識を喪失し、55%になると短時間で命を失います。最近、タワー式駐車場火災で犠牲者が出ています。

このように、火事で危険なのは火だけでなく、消火剤も危険なのです。ふだんから手持ちの消火器のタイプを知っておき、消火活動の際にその知識を役立てましょう。

第7章

公園・キャンプの危険物

蚊の感染症、ハチや蛾の危険性

——飛ぶ有毒害虫

キャンプ人口が増えています。中には、自分で山を買い取り、山地を開拓してキャンプ地とする人もいるようです。さらに、自分がキャンプするだけでは飽き足らず、管理者としてキャンプ場を経営する人まで現れているといいます。

大自然で過ごすキャンプは楽しいでしょうが、同時に危険も伴います。どのような危険が隠れているかを見てみましょう。

まずはありふれた危険物、害虫からいきましょう。この章では昆虫だけでなく、ムカデやクモなども「虫」として扱うことにします。

●蚊が媒介する感染症

一口に「蚊」と呼びますが、蚊の種類はとても多く、世界にはイエカ属、ヤブカ属、ハマダラカ属など35属、約2500種〜約3000種が存在するといわれます。

日本にいる種類だけでも100種程度はあるそうです。蚊はヒトなどから血液を吸うだけでなく、種によっては各種の病気を媒介する危険な昆虫です。

❶蚊による吸血行動

メスが吸血するのは、主に卵を発達させるために必要なタンパク質を得るためです。その対象は哺乳類や鳥類ですが、爬虫類や両生類、魚類から吸血する種類もあります。オスは吸血することはありません。

吸血の際は皮膚に口吻（こうふん）を突き刺し、吸血を容易にする唾液（さまざまなタンパク質の生理活性物質を含む）を注入した後、吸血作業に入ります。この唾液によって血小板の凝固反応が妨げられ、吸った血液は固まらなくなります。この抗凝固作用がないと、血液は蚊の体内で固まり、蚊自身が死んでしまうことになります。

多くの蚊は気温が15℃以上になると、吸血行動を始めるといわれており、26℃～31℃くらいで最も盛んに吸血活動を行ないます。通常の活動期間内であっても気温が15℃以下に下がったり、35℃を超えたりすると、野外では物陰や落ち葉の下などでじっとして活動しなくなります。

図 7-1-1●蚊には吸血行動に適した温度（26～31℃）がある

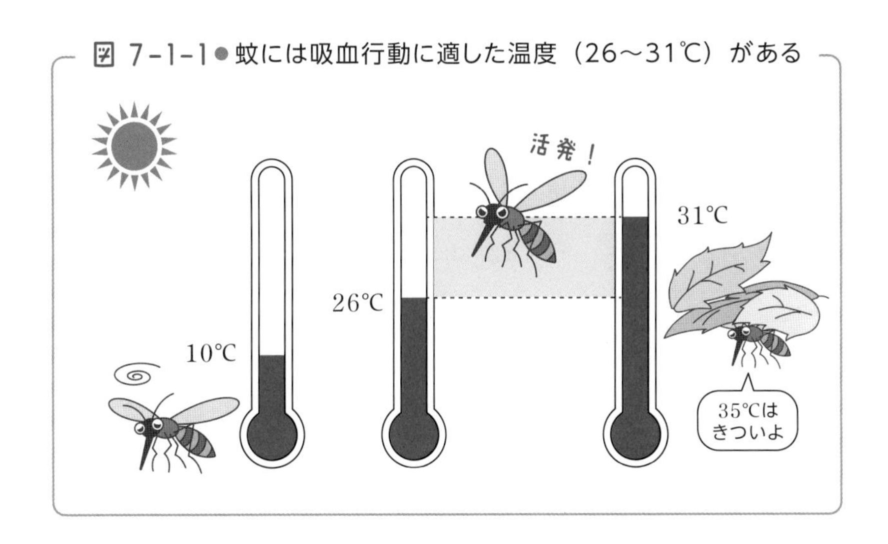

蚊に刺されたときの痒みは、蚊の唾液に含まれるタンパク質に対するアレルギーによるものですが、このアレルギーを抑える根本的な薬剤は存在しません。つまり、対症療法的に抑えるしか手はないのです。

❷感染症の媒介が怖い

蚊が怖いのは感染症を媒介することがあるからです。このような感染症として日本でよく知られているのが**日本脳炎**です。日本脳炎は水鳥などの野生動物や豚などの家畜から吸血した蚊がウイルスを保持するようになり、その蚊が人間から吸血することで感染します。ただし人間から他の人間や動物に感染することはありません。

最近では蚊によるデング熱媒介なども起こっているようですから注意が必要です。

●危険なハチ

ハチはよく見かける昆虫ですが、それだけ種類も多く、日本にいるだけで4000種以上ともいわれています。あまりの多さに驚きます。人を刺すことのあるハチとして有名なのはスズメバチ、アシナガバチ、ミツバチのほかにも、危険性の低いクマバチ、ドロバチ、ハキリバチなど、実に多種多様なハチが生息しています。

❶スズメバチ

危険なのは**スズメバチ**とアシナガバチで、これらは幼虫のエサとして昆虫やクモなどを狩るハチです。ススメバチは長さ5～60cmにも達するマダラ模様の巨大な壺状の巣をつくります。

最も危険なのはスズメバチであり、日本には17種類のスズメバチが分布しています。都市部での被害が多いのは、オオスズメバチ、キイロスズメバチなどです。

オオスズメバチは非常に強い攻撃性と毒性をもっています。毒針で刺されたときの痛みは「金属バットで殴られたようだ」と形容されることもあるほどです。毒液を飛ばして攻撃することや、強い大顎(おおあご)で噛みついて攻撃することもあります。

キイロスズメバチは都市環境にもっとも順応したスズメバチです。攻撃性、毒性ともにオオスズメバチにつぐ強さで、人への被害が一番多い種類のハチです。

❷アシナガバチ

アシナガバチはスズメバチに比べるとおとなしい性格だといわれます。ただし、毒性が強い種類もいて、刺されたときの痛みはスズメバチにひけをとらないといいますから注意が必要です。ジョウロの口のような円錐形の小型の巣をつくります。

❸ミツバチ、クマバチ

日本にはセイヨウミツバチとニホンミツバチなどが生息しており、花粉や花の蜜を採集して栄養源としています。

毒性も弱く、基本的には穏やかな性格だとされますが、**ミツバチ**の集団攻撃には注意が必要です。ほかのハチ類よりも大規模なコロニーを形成し、巣の危機に際しては一丸となって敵に立ち向かいます。

別名「クマンバチ」とも呼ばれる**クマバチ**（ミツバチ科）は群れ

をつくらず、単独行動するハチです。「熊」の名前がつくように大型のハチで、ミツバチよりもさらに攻撃性が低いとされています。

●ドクガ

ドクガは「毒蛾」と書きますが、成虫には毒のある毒針毛は生えません。しかし毒針毛は生えないものの、毒針毛はもっています。それは幼虫時代の毒針毛をもち続けているからです。

ドクガの幼虫はデンキムシ、キントキサンなどと地方によって呼び名は異なりますが、全身を毒針で覆い、触れると電気ショックのようなショックを受けるとともに、その後、痒み、痛み、水ぶくれと、大変な目に遭います。

刺されたら水道の水をかけ流して毒針毛を流し去り、患部に粘着テープを貼ってはがすという操作を繰り返して毒針毛を除くのがよいといわれます。

毒針毛は1匹あたり50万本から600万本もあるといいます。衣服に付いたら、それを着るたびに被害が広がることなり、廃棄しなければならないかもしれません。

しかし、ドクガの毒はタンパク質なので、50℃ほどに加熱すると変性して無毒になります。したがって熱い湯で洗濯するとか、アイロンをかければ毒性は失われるようです。

毒グモ、ムカデ、サソリの怖さ

―― 有毒害虫

日本国内には約1200種類のクモが確認されています。多くは小型ですが、中にはタカアシグモのように両脚を伸ばすと10～15cmにもなる大型のクモもいます。クモのほとんどが毒をもっていますが、いずれも毒は弱く、**人間に影響を与えるほどの強い毒をもつのは、ほとんどが海外から侵入した外来種のクモ**です。

日本のクモで毒の強いのは**カバキコマチグモ**で、ススキなどのイネ科の植物の葉をちまきのように巻いて巣をつくり、そこに産卵します。毒は神経毒で、刺されると数日は激痛に苦しみ、ひどい場合には数週間痺れが残ることもあるようです。日本での死亡例はありませんが、海外では死亡例が報告されているそうです。

咬(か)まれた人の多くは、誤って巣を壊してしまい、産卵前後で気の立った雌グモに咬まれるものといいます。見つけても近づかずに放っておけば害はないようです。

最近、海外から入ってきた**セアカゴケグモ**の毒も神経毒で、毒をもつのはメスのみです。オーストラリアでは死亡例がありますが、日本では報告されていません。性格は基本的におとなしく、素手で触るなどしなければ、咬まれることはないようです。

●ムカデに毒あり、ゲジゲジに毒なし

ムカデ（百足）は肉食性で毒をもつ節足動物です。昆虫などを獲物とし、その強い毒牙で捕え、毒を体内に注入します。動いている生物ならば何でも食べるようです。

ムカデは視力が悪く、目でエサかどうかを判断できません。動いているものなら捕食するため、ときには自分の子どもを食べてしまう悲劇もあると聞きます。ムカデには弱い毒があり、咬まれると傷むので注意したほうがよいでしょう。

ムカデに似た虫に**ゲジゲジ**がいます。両者の違いは、くねくねしながら素早く動くのがムカデで、足が長くてふわふわとゆっくり動くのがゲジゲジです。

ゲジゲジには毒はありませんが、咬まれると痛いので、毒がないからと油断せず、注意しましょう。

●日本のサソリは怖くない？

いかにも怖そうな姿をしているのが**サソリ**（蠍）です。日本には沖縄などにマダラサソリ、ヤエヤマサソリの2種がいるだけで、強い毒はありません。

サソリの毒はタンパク毒ですので、加熱したり、酒漬けにしたりすると変性して無毒化する可能性はあります。漢方薬ではサソリを食塩水で煮た後、乾燥したものを全蝎（ぜんかつ）と呼び、脳卒中や神経麻痺、痙攣（けいれん）に効果があるとしています。

図 7-2-1● サソリの構造

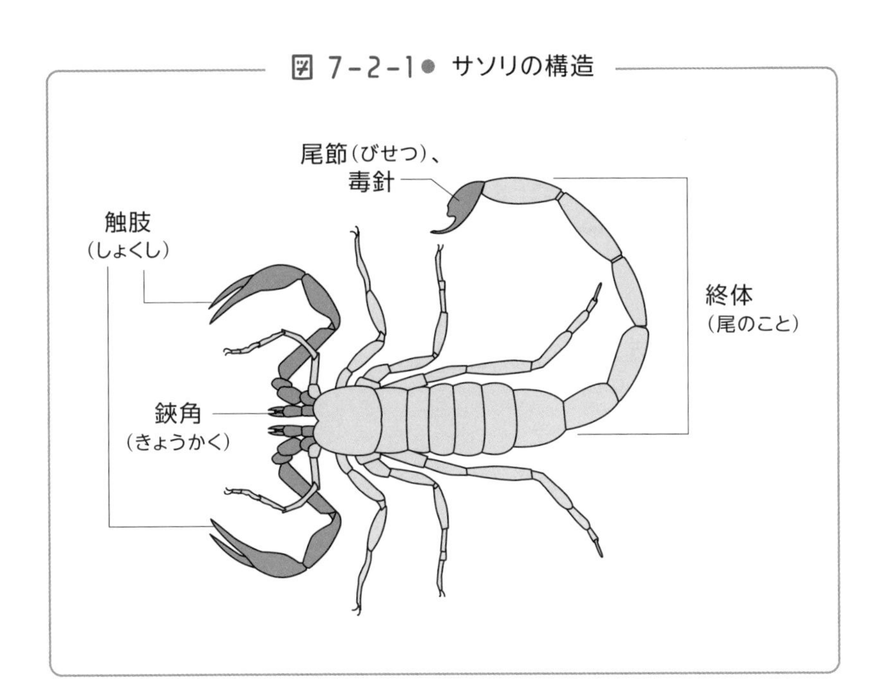

7-3

毒ヘビ3種、海のイモガイ、カツオノエボシ

―― 陸と海の有毒動物

●日本の毒蛇ハブ、マムシ、ヤマカガシ

キャンプで怖い有毒動物といえば、毒ヘビです。ただし、日本にいる毒蛇は**ハブ**、**マムシ**、**ヤマカガシ**の3種類に限られます。ところで、この3種で「毒の強さ」を比べた場合、どのような順になるかを予想してみてください。

ハブ > **マムシ** > **ヤマカガシ**

と予想される人が多いと思いますが、同じ重さの毒の強弱は、

ヤマカガシ > **マムシ** > **ハブ**

と、大方の予想と反対です。

ただし、大きいヘビに咬まれた場合、注入される毒の量が多くなるので、被害は予想通り、

ハブ > **マムシ** > **ヤマカガシ**

の順になるわけです。

❶ハブに咬まれたときの対応

ハブは主に沖縄に生息する全長1～2mほどの毒ヘビで夜行性です。日中は石垣の石の隙間、あるいは孔などに隠れていて、夜にな

るとネズミなどを捕えるために外に出てきます。ハブはジャンプすることができません。

もし、ハブに咬まれた場合は、次のことに気をつけてください。

①慌てずに「ハブかどうか」を確かめる。

ヘビの種類がわからなくても、ハブなら牙のあとが通常は2本（1本あるいは3、4本のときもある）あり、数分で腫れてきてすごく痛みます。

②大声で助けを呼び、すぐに医療機関へ受診する。

走ると毒の回りが早くなるので、クルマで運んでもらうか、ゆっくり歩いて行くべき、という説もありますが、とにかく早く医療機関に行って血清を打ってもらうべきだという説もあります。治療薬であるハブ抗毒素は沖縄県内の医療機関の多くが備えています。

③病院まで時間がかかる場合は、包帯やネクタイなど、帯状の幅の広い布で指が1本通る程度にゆるく縛り、15分に1回はゆるめる。

決して細いヒモなどで強く縛ってはいけません。恐怖心から強く縛ると血流が止まり、逆効果になることもあるからです。

❷マムシに噛まれたら

マムシは全長45～60cmのヘビで、長さに比べて胴が太いという特徴があります。平地から山地の森林、藪の中に棲み、水場周辺に多く出現します。山間部の水田や小さな川の周辺で見かけることが多いのは、そのためです。

マムシに咬まれた場合、救急車の出動を要請した後、安静にするべきとされていますが、救命救急医らによる調査では、走ってでもいち早く医療機関を受診するほうが軽症で済むともいいます。

昔は民間療法として、「毒を吸い出す」という方法が伝承されてきましたが、現在では素人による切開・毒素の吸引は行なうべきでないとされています。

❸ヤマカガシにも毒がある

ヤマカガシに毒があることは専門家は知っていましたが、一般には知られていませんでした。ところが1984年に愛知県の中学生が咬まれて命を落としたことで、ヤマカガシに毒があることが知られるようになったのです。

ヤマカガシの毒牙は小さく、しかも口の奥にあるのですが、この中学生の場合は運悪く、ヘビをリュックの奥に入れようとして指を口の奥に押し込んでしまったために起きた事故のようでした。

●海に棲む毒をもつ生き物たち

❶ウミヘビ

一般に**ウミヘビ**という場合、魚類のウミヘビと爬虫類のウミヘビの2種類があります。魚類（ヒレがある）のウミヘビには毒はありませんが、性格が凶暴なので咬まれると大きな怪我をします。

反対に爬虫類のウミヘビは性格はおとなしいのですが、強い毒をもっているため、咬まれると命を落とす場合もあります。沖縄のウミヘビ料理には両方それぞれを使うそうです。

❷コブラの毒よりも強い「ハブ貝」

ハブ貝とは、沖縄などのサンゴ礁に生息する、殻の長さが10cmほどのイモガイ科の巻き貝のことです。ハブ貝（アンボイナ）はその中でも最も毒が強く、口の中の歯舌(しぜつ)という矢状の舌で相手に毒を打ち込みます。

毒は**コノトキシン**と呼ばれ、コブラ毒より強いので毒蛇のハブにちなんで「ハブ貝」と呼ばれます。

コノトキシンは神経毒なので、刺されても痛みはほとんどありません。しかし体が痺れ、浅いところでも溺れてしまうので、ハブ貝の被害者は知られている以上に多いのではないか、といわれています。

毒は薬にもなります。ハブ貝のコノトキシンはモルヒネよりもさらに強力な鎮痛効果があるそうで、ハブ貝の毒の研究が進められています。

❸毒クラゲ「カツオノエボシ」

刺されると強烈に痛むことから、電気クラゲの別名があるのが**カツオノエボシ**です。大きさ10cm、三角錐型の透き通った藍色の浮き袋の下に平均10m程度、長いもので約30mにも達する触手が伸びています。これが何らかの刺激を受けると、表面に並んだ刺細胞から刺胞が発射されます。

刺されると痺れるような激痛が走り、くしゃみや咳のほか、心拍数の上昇、時に呼吸困難などを引き起こし、痛みが数日間続きます。2度目に刺された場合、アナフィラキシー・ショックで死亡に至ることもあります。

カツオノエボシの死骸が風に吹き寄せられていることもあります。乾燥して、きれいな青いプラスチックケースのようになりますが、これに触れるのも危険です。というのは、湿気を吸うと刺胞が発射され、生きたものほどではないにしても、それなりの痛みはあるからです。

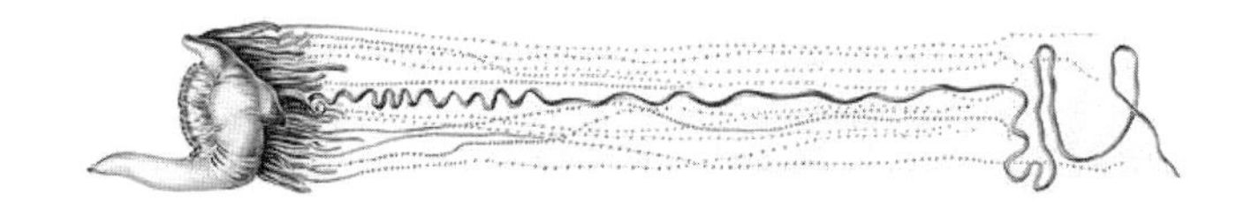

図7－3－1 カツオノエボシのスケッチ

❹フグと同じ毒をもつ「ヒョウモンダコ」

ヒョウモンダコは全長10cmほどの小型のタコです。怒って興奮すると体表に丸いリング状の模様が「豹」のように現れるので、「ヒョウモンダコ」（豹紋蛸）と呼ばれます。以前は日本近海では見られなかったのですが、海水温度の上昇にともなって日本沿岸にも現れるようになりました。

唾液や肉の部分にフグ毒と同じテトロドトキシンが含まれるので、咬まれても、身を食べても危険です。

❺ガンガゼ

ガンガゼとは、針が細くて長さ30cmにも達するウニのことです。刺されると、長く鋭い針が深く突き刺さり、しかも細い上に表面に逆棘（かえり）があるので、刺さった針の大部分は体内に残ったまま折れてしまい、後の治療が大変です。

ガンガゼがいることがわかったら、その近くの海には近づかないのが賢明です。

図7−3−2 美しいものには棘がある？　ガンガゼの長い毒針

外で生えているキノコは絶対に食べるな！

―― 毒キノコ

キノコの採集は秋の楽しみの1つです。問題は**毒キノコ**の存在です。キノコの種類は日本だけでも5000種といわれ、そのうち名前のついているキノコは1/3にすぎません。そして、200種類は毒キノコですが、残りの大半は食べられるかどうかもわかっていません。

したがって、素人判断はやめ、店で売っているキノコだけを食べることにするのが賢明です。

●公園のキノコで命を落とす

1993年の夏、中国から留学してきた中国人の家族3人が名古屋市内の市立植物園にピクニックに行き、キノコを採集して帰りました。帰宅してキノコを食べたところ食中毒となり、4歳の男の子と33歳の妻は亡くなり、35歳の夫は重体になったものの、命は取り留めました。原因はドクツルタケ、あるいはシロタマゴテングタケを食べたことによる食中毒と推定されています。

また2017年には名古屋市の街中にある公園でバーベキューをしていた30代の男性3人が、脇に生えていたキノコを採って焼いて食べたところ食中毒になって病院に搬送され、数日間入院したという事件がありました。その後、3人が食べたのは毒キノコのオオシロカラカサタケと判明しました。

図7-4-1●毒キノコの伝承はホント？

キノコに関する伝承	判断
虫が食べるキノコに毒はなし	ドクツルタケ(猛毒のキノコ)を食べて平気な虫もいる。だからといって人間が食べても安全、とはいえない。
香りの良いキノコは安全	「良い香り＝おいしい＝無毒」と考えがちだが、ドクササコのように香りのよい毒キノコもある。逆に、悪臭のするスッポンタケは中華料理などで食用にされる。香りと毒とは関係ない。
加熱、塩漬けすれば毒キノコも食べられる	毒キノコを加熱することで無毒化されるキノコも存在するが、ほとんどの毒キノコは無毒化されない。また、食用のキノコであっても生で食べると食中毒を起こすこともある。
毒々しいキノコには毒がある	「毒キノコ＝派手な色」というイメージがあるが、タマゴタケは派手派手しい赤色をしていても食用。色や形で毒か否かは決まらない。

●玄人でも判別むずかしい「ニガクリタケ」

毒をもつキノコとして有名なのが**ニガクリタケ**です。これは食用でおいしい「クリタケ」に良く似ており、玄人(くろうと)でも見分けはむずしいようです。道の駅で間違われるのがこのキノコです。

ニガクリタケは名前の通り苦(にが)いのですが、それは生の間だけで、煮てしまえば苦味は消えます。しかもおいしいので大量に食べてしまい、中毒すると命にかかわるほど重くなることがあるわけで、要注意です。

●急に毒キノコに指定された「スギヒラタケ」

スギヒラタケは不思議なキノコです。というのは、つい数年前までは食用として広く食べられていたからです。

ところが、あるとき突然、「毒キノコ」に豹変し、死者まで出しています。豹変したのは2004年のことでした。何があったというのでしょうか。

この年の秋、腎臓に障害のある人が食べて急性脳症になったというニュースが流れました。その途端に、われもわれもとスギヒラタケによる中毒者が現れ、その年のうちに東北・北陸9県で59人が発症し、17人が死亡したのです。

こんなことがあるでしょうか。ある年から急に食中毒が強くなったとでもいうのでしょうか。原因はどうやら、行政のシステム変更にあったようです。

この前年の2003年に感染症法が改正になり、脳炎患者の発生を保健所に届けるようになりました。そのため、脳炎の原因が追究され、それまで見逃されてきたスギヒラタケとの関係が明らかになったようなのです。

つまり、それまでもスギヒラタケで中毒になった、あるいは脳炎になって亡くなった人はいたのですが、別の病名で処理されていたということのようです。怖い話です。

●いつまでも二日酔いが続く「ヒトヨタケ」

変わっているのは**ヒトヨタケ**です。これは細い軸をもった白いキノコですが、それはたった一晩だけの話。翌朝には融けてドス黒い液体になっているというキノコです。

一見したところおいしそうなキノコですし、実際、味はよいそうです。しかし、被害に遭うのは、なぜかお父さんだけなのです。このキノコを肴(さかな)に晩酌をしたお父さんが翌朝、ひどい二日酔いに悩まされるということです。

しかも、夕方になってようやく治り、やれやれ今朝は大変だったといって晩酌をすると、翌朝またひどい二日酔い。これが数日続くといいます。

お酒を飲むとエタノールが体内に入って、エタノール酸化酵素で酸化されて有害物質のアセトアルデヒドになります。これが二日酔いの原因物質です。しかしすぐにアルデヒド酸化酵素がアセトアルデヒドを無害の酢酸に変えてくれ、二日酔いはその時点で終わりとなります。

ところが、**ヒトヨタケはアルデヒド酸化酵素の働きを阻害するため、二日酔いがいつまでも続く**のだということです。これを断酒剤に使うことはできないか、という研究まで行なわれているといいます。

図 7-4-2 ● ヒトヨタケは酵素の働きを阻害する

CH_3CH_2OH → CH_3-CHO → CH_3-COOH

エタノール　アセトアルデヒド　酢酸

●見るからに毒々しい「カエンタケ」

最近話題になるのが**カエンタケ**です。形は人間の手のようであり、色は毒々しい朱色。とてもキノコとは思えない異様な色・形をしていますが、そんなカエンタケを街中の公園でも見かけることが増えてきました。

これはカエンタケがミズナラやコナラの枯れ木に生える習性があ

るためで、このような枯れ木が最近の害虫のせいで住宅地の公園に増えてきたことに原因があるといいます。ですから、カエンタケは今後もさらに町中に増えるかもしれないので要注意です。

図7−4−3 見るからに危険なカエンタケ

その異様な姿・形・色を見てもわかるように、**カエンタケは猛毒であり、触れただけで手がただれる**といいます。ところが、これを食べる人がいるようで、指先ほどの大きさを食べるだけで命を落とし、治っても小脳萎縮が起きるといいます。

見知らぬキノコ、野生のキノコは絶対に食べない、スーパーの店頭に並べられたものだけを食べる、ということをしたいものです。

7-5

日常の危険、将来の地球環境の危機をシミュレーション

―― 二酸化炭素中毒

キッチンで使う燃料の多くは都市ガスですが、キャンプではいろいろな燃料を使います。焼肉には炭火を使うこともありますし、長時間の煮物には粉炭（ふんたん）を用いた練炭（れんたん）を使うこともあれば、場合によっては石油を使うこともあります。

石炭、石油、天然ガスなどの化石燃料に限らず、炭素燃料を使えば必ず発生するのが炭素の酸化物（一酸化炭素COと二酸化炭素CO_2）です。一酸化炭素が猛毒なことは前に見た通りですが（1章6節を参照）、見過ごされがちなのが**二酸化炭素**CO_2です。

●二酸化炭素は下部にたまる

二酸化炭素は無色・無味・無臭の気体ですが、決して無害ではなく、二酸化炭素が高濃度状態では危険な二酸化炭素中毒が発生します。つまり二酸化炭素濃度が3～4%を超えると、頭痛やめまい、吐き気を感じ、7%を超えると意識障害（意識消失、失神）状態となり、最悪の場合はそのまま二酸化炭素を吸い続けて死に至ります。

したがって、石油ストーブなど炭素系燃料を燃やしている場合には常に換気を心がけることが大切です。これは狭い部屋にたくさんの人が入った場合、特にスポーツの後など代謝の激しい場合にも同じことがいえます。

二酸化炭素は炭素が燃焼した場合にだけ発生するわけではありません。アイスクリームなどを買った場合についてくるドライアイスは二酸化炭素の結晶です。

二酸化炭素の分子量は先に見たプロパンと同じ44で（1章6節）、空気より重い気体です。つまりドライアイスが融けると、そこで発生した二酸化炭素は室内の下のほうに溜まります。赤ちゃんや幼児がまっさきに危険にさらされるのです。

具体的にいうと、アイスクリームやビールを運搬するため、狭い自動車の車内に大量のドライアイスを入れ、それが融けた場合にはどうなるでしょうか。

危険な二酸化炭素は車内の下部から上昇してきます。上部に顔のあるお母さんは大丈夫でも、膝の上で眠っている赤ちゃんは二酸化炭素にくるまれている危険性がある、ということです。

危険は常に身近にあります。化学の知識をフル活用して危険から身を守ってください。

●海から大量に発生してくるCO_2

最近、気候変動が激しくなっています。世界中で気温が異常に変動し、大洪水が起こり、一方では砂漠が増え続けています。その原因の1つが地球温暖化であり、さらにその原因とされるのが温室効果ガスとしての二酸化炭素の増加です。

二酸化炭素の発生がこのまま続けば、21世紀の終わりには陸上の氷の溶解と、海水体積の温度膨張によって、世界中の海水面が50cm上昇するという試算があります。海岸部の都市は軒並み水浸しになります。南太平洋にある、高度の低い国は海に消えてしまいそうな勢いです。

二酸化炭素は炭素系燃料、特に化石燃料の燃焼によって発生するため、化石燃料の使用を制限しようという動きに拍車がかかっています。

二酸化炭素は水に溶けやすいため、海水中に膨大な量が溶け込んでいます。ところが、**水に対する気体の溶解度は、水温が上がると小さくなります**（2章6節）。

つまり、化石燃料を燃焼して温室効果ガスの二酸化炭素が増えると、大気の温度が上昇するだけでなく、海水の温度も上がります。そして海水温が上がると、それまで海に溶けていた気体の溶解度が落ちます。

図 7-5-1● CO_2 の増加が「悪循環」を呼び込む

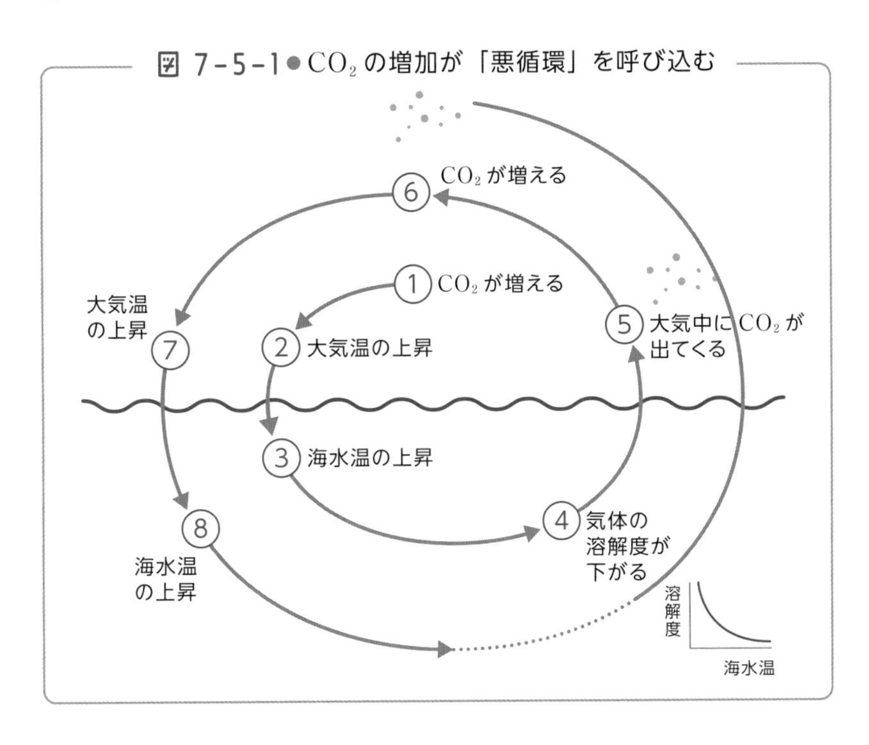

気体の溶解度が落ちると、海水から二酸化炭素が出てきます。その結果、さらに二酸化炭素の濃度が高まる……という悪循環（負のスパイラル）が待っているのです。

●二酸化炭素はなぜ「温室効果」でやり玉に？

温室効果ガスというと、二酸化炭素がやり玉に上げられます。気体の温室効果の大小は「**地球温暖化係数**」という数値で表わされています。それは二酸化炭素を基準にしているので、二酸化炭素＝1で、メタン＝25であり、オゾンホールで有名になったフロンなどは種類によって違いますが、およそ数千から1万です。こうしてみると、「二酸化炭素など可愛いものじゃないか」という見方もできそうです。本当にそうでしょうか。

二酸化炭素が温室効果で悪者扱いをされるのは、実はほかに大き

図7-5-2●地球の温暖化係数の比較

気体名	地球温暖化係数	コメント
二酸化炭素	1	地球温暖化係数の基準値
メタン	25	廃棄物などから発生する
一酸化窒素	298	燃焼などで発生する
HFC－23	14,800	1996年に全廃
HFC－32	675	オゾン破壊係数が0。 効率の良い冷媒とされる
HFC－125	3,500	オゾン破壊係数は0だが、地球温暖化係数は高い
六フッ化硫黄	22,800	絶縁材として使用。 大気中での寿命は3200年

な理由があるのです。それは**二酸化炭素の発生量が他に比べて圧倒的に大きい**という事実です。

石油が燃焼したらどれだけの二酸化炭素が発生するのかを試算してみましょう。

石油は炭化水素（主に炭素と水素から成り立っている化合物）であり、その分子式はC_nH_{2n+2}、略してCnH_{2n}です。これが燃焼すると大筋、下式のようにn個の二酸化炭素と水分子が発生します。

C_nH_{2n}＋酸素→nCO_2＋nH_2O

石油の分子量は12n＋2n＝14nであり、二酸化炭素の分子量は44ですから、n個の二酸化炭素の重さは44nになります。つまり、**14kgの石油が燃えると44kgの二酸化炭素が発生する**のです。

石油は水より軽いので、14kgの石油は1斗缶で1杯分（約18リットル）と思ってよいでしょう。それが燃えると44kg、なんと石油の3倍の重さの二酸化炭素が発生するのです。

「石油が燃えれば気体になって無くなる」などと言っていられるものではありません。深刻な事態が待ち受けている、と受け止めてください。

7-6

爆薬はクルマのエアバッグにも使われている?
——爆発

●爆発とは?

日本の夏を彩る花火。縁側の近くで遊ぶ線香花火もあれば、勢いよく鳴る爆竹もあります。色とりどりの打上げ花火も、大きな仕掛け花火もあります。花火は爆発の芸術です。

爆発は化学的に見れば急速に進行する燃焼と見ることができます。そして、燃焼には「燃料」と「酸素」が必要です。ロウソクが燃える程度の「燃焼」であれば、ロウソクの周りにある空気中の酸素で十分かもしれませんが、「爆発」のような急速な燃焼では空気中の酸素だけでは供給速度がまるで足りません。爆発には、大量の酸素が一気に必要になるからです。

●黒色火薬

昔からある爆薬は黒色火薬であり、その原料は炭素C、硫黄S、それと硝石(硝酸カリウム)KNO_3です。このうち炭素と硫黄は**燃料**にあたります。それに対して硝石は、その分子構造の「KNO_3」を見ればわかるように、1つの分子中に3個の酸素を含んでいます。つまり、硝石は急速燃焼するために必要な「酸素を供給する物質」、つまり**助燃剤**なのです。

硝石は鉱石として産出しますが、その量は多くありません。そこで昔はどの国でも自分でつくっていましたが、その方法が大変です。原料は尿素（$(NH_2)_2CO$）です。これを土中の硝酸菌で発酵して硝酸HNO_3に変えます。藁（わら）に含まれるカリウムKを硝酸と反応させれば硝酸カリウムとなります。

ということで、広いトイレに藁を積みます。そこに人間が尿をかけ、何日かたった頃、この藁を大釜に入れて炊きます。すると硝酸カリウムのグラニュー糖のような結晶が析出してくるというわけです。

その悪臭たるや大変なもので、作業は涙ものです。そのためフランスのブルボン王朝では硝石づくりの役人には特別俸給が与えられていたといいます。

●ハーバー・ボッシュ法

このようにして汗と涙でつくった火薬ですから希少で貴重です。花火に使われるのであれば平和でよいのですが、人類はこれを戦争で使用します。戦争が始まってもパラパラと弾を撃ったら爆薬不足になります。武器がなくなるのだから、後は外交交渉で戦争を終結させます。このため、19世紀までは、大戦争はなかったというわけです。

ところが20世紀に入るとドイツが**ハーバー・ボッシュ法**によって無尽蔵に硝石、さらに高性能なTNT火薬をつくることに成功したのです。

人類が2つの世界大戦を戦い、現在また世界各地で大小さまざまの戦争を行なうことができるのはハーバー・ボッシュ法によるところなのです。

ハーバー・ボッシュ法は「空気をパンに変えた」といわれますが、見方を変えれば「空気を墓石に変えた」のかもしれません。

●たくさんの酸素をもつニトロ基

現代の爆薬は、戦争用がトリニトロトルエン（TNT火薬）、民生用がニトログリセリンからなるダイナマイトとなっています。

図 7-6-1●爆薬の分子構造とニトロ基 NO_2

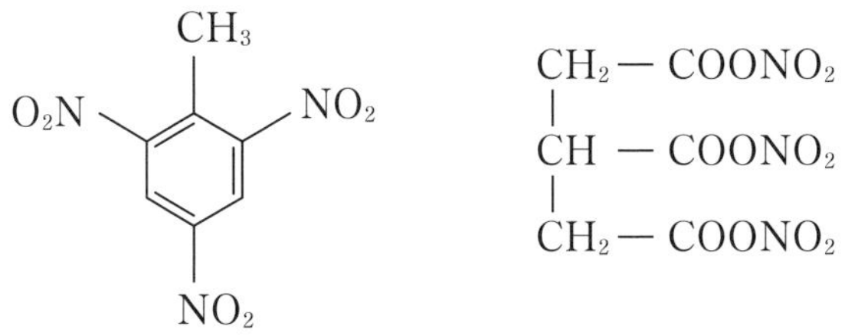

トリニトロトルエン　　ニトログリセリン

どちらも分子構造を見ると、酸素をたくさんもったニトロ基 $-NO_2$ がたくさん結合しています。ニトロ基といえば、化学肥料として名高い硝安（硝酸アンモニウム）NH_4NO_3 ももっています。ということで硝安はできて間もない頃から大爆発事故を繰り返し、爆薬としての能力を誇示してきました。

現在では、ある種の可燃性液体を硝安に混ぜて練った「アンホ爆薬」（5章6節を参照）がダイナマイトを抑えて民生用爆薬の売り上げトップに輝いているそうです。

●エアバッグ・着火剤

爆薬を用いるのは戦争と鉱山の爆破だけではありません。皆さんのクルマにセットしてある**エアバッグ**が事故時に膨らむのも爆薬のおかげです（5章6節）。

エアバッグは事故が起きたと同時に開くようにしないと、人命を救うことができません。そこで、エアバッグに圧搾空気をゆっくりと吹き込むのではなく、爆風を吹き込んで一気に開くのです。この爆薬にはアンホ爆薬を原料にしたものが使われているそうです。

意図した爆発ではありませんが、時に爆発のようになるのが着火剤（助燃剤）です。ゼリー状の着火剤を継ぎ足して使用した際、引火・爆発してやけどをするという事故が起きています。

海洋生物の体を蝕み、人の健康を損なう

―― マイクロプラスチック

●海岸も海中も、プラスチックごみだらけ

最近の海は、それほどロマンチックな気分にはなりにくいようです。砂浜を歩いてみると、海岸には色とりどりのプラスチックごみが打ち寄せられていたりするからです。ゴミに印刷された文字を見ると、日本だけでなく海外のものもあり、海は多くの国々と繋がっていると妙に納得させられます。

海の中も同様です。釣りの盛んな地方の海底には、釣り人がひっかけた釣り糸が縦横に張り巡らされ、海女さんが糸に絡まって危険なこともあると聞きます。

危険なのはウミガメも同じです。ご馳走のクラゲだと思って食べると、なんとビニールフィルムであり、消化されないまま胃に溜まって命を縮めてしまいます。海はプラスチック公害であふれかえっているのです。

●マイクロプラスチック

最近問題になっているのは**マイクロプラスチック**（微小なプラスチック粒子）です。マイクロプラスチックというのは一辺が5mm

以下の小さいプラスチック片のことをいいますが、小さいのは一辺数ミクロンのものもあるようです。

これらはもともとはプラスチック製品だったのです。それが環境に放置され、紫外線でもろくなり、川を下って海に流れ着いた頃には原型をとどめないほど小さくなり、それが波に洗われ、紫外線に晒（さら）されているうちに、さらに小さくなったのです。

最近のプラスチックごみの発生量は、年間800万トンという膨大なものと推定されています。マイクロプラスチックのプラスチック成分はポリエチレンからペットまであらゆるプラスチックで占められています。

このように小さいプラスチックは単位重量当たりの表面積が大きくなり、さまざまな海水中の汚れを吸着して汚水成分の塊のようになっています。

●生物濃縮

マイクロプラスチックの問題は、それが海水を汚染するということだけでは済まない点です。数ミクロンというサイズですと、海洋中の微生物、プランクトンまでが海水と一緒に飲み込んでしまいます。するとプラスチック本体は消化されずに排出されますが、プラスチックに吸着されていた汚染物質は、微生物の体の一部に取り込まれる可能性があります。すると、**食物連鎖による生物濃縮のプロセスによって、海水濃度の何万倍、何十万倍にもなって魚に濃縮されて取り込まれ**、食卓に上ることになります。当然、それらは私たちの体に跳ね返って来ます。

プラスチックには先に見た可塑剤（6章1節を参照）を始めとして、

さまざまな添加物が加えられています。これら添加物には有害性が指摘されるものもあり、またアレルギーの原因になるものも含まれています。それらの有害物質はマイクロプラスチックになっても残留します。

　将来、海洋生物、さらにはそれを食料とする私たち人間の健康はどのようなことになるのでしょうか。早急に解決しなければならない大きな問題です。

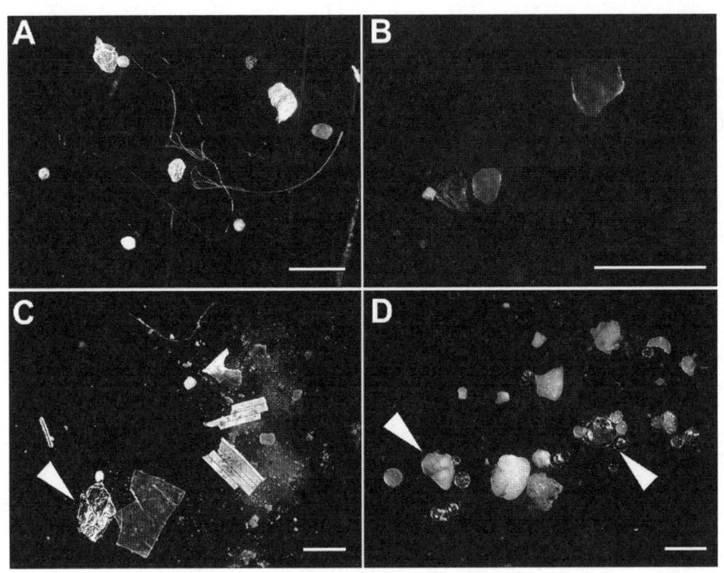

図7−7−1 エルベ川等のマイクロプラスチック
資料出所：Springer Open（白いバーは 1 mm）

第8章

工場・跡地の危険物

8-1

工場からの排水と土壌汚染

——水俣病とイタイイタイ病

工場にはいろいろの種類がありますが、化学関係の工場には特色があります。それは化学原料を使って化学反応を行なうということです。

化学反応とは、ある物質をまったく異なる物質に変えることです。それは毒物を無毒化する場合もあれば、無毒のものを毒物に変えることもあるということです。

3章6節（シックハウス）で見たように、劇物のホルムアルデヒドを使って無毒のフェノール樹脂をつくるのは前者の例ですし、無毒の石炭と水から猛毒の一酸化炭素をつくるのは後者の例です。

つまり、化学関係の工場には毒物とまではいわないまでも、有害な物質が存在する可能性は高いということです。

このような有害物質は、工場の特定エリア以外には出ないようにしてはあるのですが、時に漏れ出すことも皆無とはいえません。そのような漏洩の危険性のあるのが**廃液**と**煤煙**（ばいえん）です。

過去に起きた日本の4大公害といわれるもののうち、3つまでは廃液関係であり、残り1つは煤煙関係でした。

●水俣病は工場の排水から起きた

1950年代頃から、熊本県水俣（みなまた）湾の沿岸地帯に奇妙な現象が起こりました。ネコがヨロヨロと千鳥足（ちどりあし）で歩くというのです。運動神経抜群のネコの運動神経がおかしくなっていたのです。

やがてネコだけでなく、人間にも似たような症状が出始めます。年配の人の歩き方がおかしい、ロレツが回らなくなるという現象が見られるようになり、水俣湾内では背骨の曲がった魚が見られるようになったのです。さらに、生まれたばかりの赤ちゃんにまで異常が現れたことが人々にショックを与えました。

調査したところ、**湾内の海水に有機水銀（メチル水銀）が混じっている**ことがわかりました。そのため、人間ばかりでなく、魚を常食にするネコにも被害が現れたのです。

では、その有機水銀はどこから来たのかを調べたところ、湾岸にある化学肥料工場から出る排水に含まれていることがわかりました。この工場では反応の触媒として水銀化合物を使っていましたが、その廃液を十分に浄化しないまま、排水として湾内に廃棄していたのです。

しかし、工場廃水に含まれる水銀は、実は有機水銀ではなく、無機水銀でした。しかも濃度はそれほど高いものではありません。

ところがその後の調べで、無機水銀は海水中の微生物が有機水銀に変えることができ、濃度は**生物濃縮**によって何万倍にも何十万倍にも濃縮される可能性のあることがわかったのです。この公害は発生地域の名前をとって、「**水俣病**（第一水俣病）」と呼ばれています。

図 8-1-1●メチル水銀が住民にとり込まれるまで

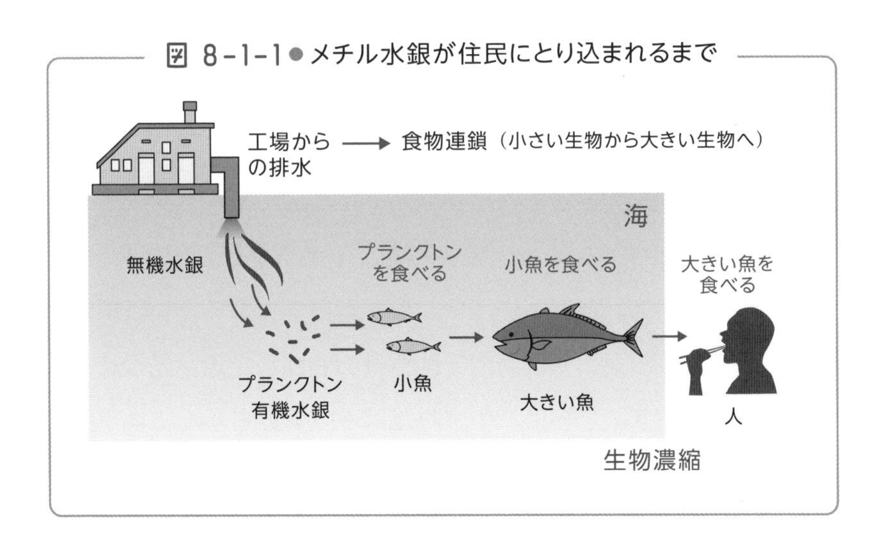

その後、まったく同じような現象が新潟県の阿賀野(あがの)川流域でも起こりました。ここでも似たような化学肥料工場が同様の操業をしていたのです。ここでの公害は、「新潟水俣病」あるいは「第二水俣病」と呼ばれています。

●イタイイタイ病は風土病か？

富山県神通(じんつう)川流域は、大正時代から不思議な病気が出る地域として近郊で知られていました。それは主に村の中年女性が罹る病気で、骨が折れやすくなるのです。折れやすければ痛いにきまっています。それで「イタイイタイ」といって寝込みます。

そして、寝返りを打つだけで骨が折れ、咳をすると別の骨が折れるということで「**イタイイタイ病**」という恐ろしい名前がついたといいます。

この病気は当初、神通側流域の地方にだけに現れる風土病の一種と考えられていました。しかし専門機関が調べたところ、病原体による病気ではなく、**神通川の水に含まれる重金属のカドミウムCdによるもの**とわかったのです。

では、なぜ神通川の水にそのような重金属が溶け出していたのでしょうか。

それは神通川の上流の岐阜県神岡町にある神岡鉱山の廃液によるものであることがわかりました。神岡鉱山は亜鉛Znを産出する鉱山です。化学の教科書にある周期表を見ればわかるように、亜鉛は12族の元素で、同じ族にはカドミウムと水銀が並んでいます。同じ族の元素（同族元素）は性質が似ているので、同じような場所で産出することがあります。神岡鉱山がこの例で、亜鉛とカドミウムを同時に産出していたのです。

亜鉛は重要な金属です。乾電池の陰極に当たる容器は亜鉛ですし、鉄板を亜鉛メッキしたトタン板は錆びにくい鉄板として簡易建築の壁板、屋根板として欠かせません。

一方、カドミウムは現在では原子炉や半導体、太陽電池などで使われる重要な金属ですが、大正時代や昭和初期には特に用途もなく、無用の金属とされて近くの神通川に投棄されていたのでした。

●廃液問題と土壌汚染

そのカドミウムが川を流れて平地に達すると農地に滲みだし、それを作物が吸収し、野菜や穀物として濃縮されます。その野菜を地域の農家の人が食べることで被害が起きたのです。症状は骨のカルシウムが少なくなるもので、現在でいう骨粗鬆症（こつそしょうしょう）の重度のものと思えばよいでしょう。

図 8-1-2 ● カドミウムが住民にとり込まれるまで

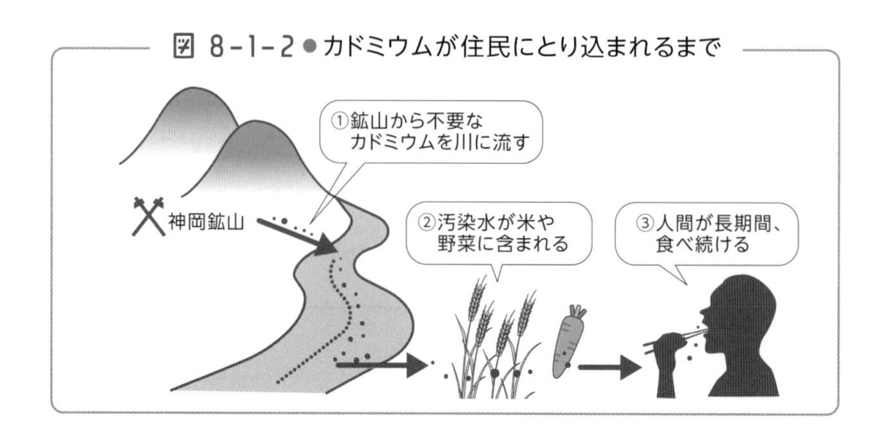

患者に中年の女性が多かったのは、重金属被害の特色です。重金属の害は、高濃度であれば、その場で被害が現れて命を左右します。しかし、濃度が低い場合には、その場では何事もなく、体内で身を伏せるようにして蓄積されていきます。そして**重金属の蓄積が一定濃度（閾値）に達した段階で発病する**のです。

女性が多いのは性的な問題でしょう。一般の骨粗鬆症も女性患者が多いようです。

このように、イタイイタイ病は「廃液」問題と同時に、「土壌汚染」という問題を私たちに突きつけたのでした。

なお、奈良時代の養老年間（720年頃）から鉱山として栄えた岐阜県の神岡鉱山は、2001年、亜鉛、銀、鉛の採掘を終了しました。

1983年からは素粒子ニュートリノの観測施設「カミオカンデ」として素粒子物理学の発展に貢献し、小柴昌俊さんをノーベル物理学賞に導きました。また、1996年からカミオカンデを引き継いだスーパーカミオカンデの稼動で、梶田隆章さんが同じくノーベル物理学賞を受賞しています。

8-2 四日市ぜんそくに端を発した汚染物質

―― 排煙と煤煙

前節の「排水」に対して、大気中に吐き出される煙が「排煙」です。こちらも人の生活を脅かす危険物といえるでしょう。

工場では製品をつくるため機械を動かしますが、そのためには「**エネルギー**」が必要です。そのエネルギーの中心は、電気エネルギーと熱エネルギーです。そして、熱エネルギーは多くの場合、石炭、石油、天然ガスなどの化石燃料の燃焼で発生させます。使用後、それは工場の外へ排出されるわけです。

図 8-2-1● エネルギーの種類

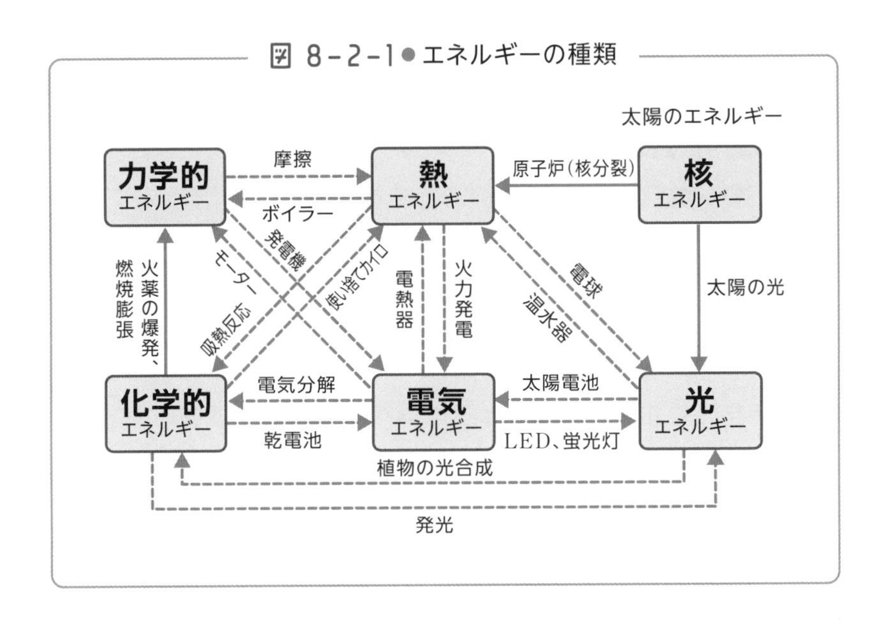

●四日市ぜんそく

昭和30年頃から国の施策によって三重県四日市(よっかいち)市に石油化学工業団地として「四日市コンビナート」が大々的に設立されはじめました。化学工場が多数建設され、活発な操業を始めました。工場の煙突からは石油を燃焼した排煙、煤煙、水蒸気が日夜を分かたず立ち上ったのです。それは日本化学工業の戦後の復活を象徴するかのような光景でした。

ところが、1950年代末から1970年代にかけて、異変が起こります。コンビナート周辺の住民にそれまでなかった病気が多発するようになったのです。咳が連続して出て、いつまでも止まらない症状です。喘息(ぜんそく)でした。

●原因はSOxにあった！

調べて見ると、患者は工場の煤煙(ばいえん)が風に乗って流れ、やがて落下する地域に多いことがわかりました。煤煙に含まれる物質の種類、量、患者個人の症状など因果関係の調査から、**喘息の原因は工場からの煤煙に含まれるSOx**（ソックスと読む）による、とわかりました。SOxは硫黄Sの酸化物のことです。

ただし硫黄酸化物には分子式、SO_2を始め、SO_3などさまざまな種類があることからSOxとまとめて書くようにしたものです。同じように窒素Nの酸化物を**NOx**（ノックス）と呼びます。

「煙突を高くすれば、煤煙は風に乗って海上に飛び去るのではないか」ということで高層煙突もつくりましたが、効果は思うほどではありませんでした。

●脱硫装置の開発

しかし、特効薬が現れました。硫黄分を取り除く「脱硫装置」の開発です。脱硫装置には、

①燃やす前の石油から硫黄を除くタイプ

②燃やした後の排煙、煤煙つまりSOxから硫黄を除くタイプ

の2つがありますが、いずれも効果的でした。

この脱硫装置のおかげで、装置設置後には新たな患者の発生はほぼなくなったとされています。患者は今もいますが、それは脱硫装置設置前に罹患した人がほとんどだということです。

この事件を「四日市ぜんそく」と呼んでいます。しかし企業が競って脱硫装置を設置した裏には、実は「企業なりの計算があった」というのです。

化学工業では原料の一部に硫酸H_2SO_4を使う業種がありますが、硫酸の原料は硫黄です。したがって、それまで企業は原料の硫黄を硫黄鉱山から購入していました。それが、脱硫装置を使うことで、石油から硫黄を抽出してくれるのです。

つまり、今まで硫黄鉱山から購入していた硫黄を、なんと脱硫装置を使えば燃料から無料で得られるのです。硫黄を買う必要はなくなります。脱硫装置の設置費用は、その硫黄の購入代金で早晩償却します。

ということで、脱硫装置の設置は企業にとっても悪い話ではなかったのです。脱硫装置の開発で思わぬ影響を受けたのは、硫黄が売れなくなった硫黄鉱山ということになります。

●ダイオキシン

ダイオキシンは一時、公害の申し子のように嫌われました。**毒性が高い、半数致死量（LD_{50}）が小さい（一過性毒性が高い）、催奇形性がある、生殖機能の異常を引き起こす**などです。あまりの毒性の高さに、一時はその毒性に疑問を挟む声もありましたが、世論はダイオキシン撲滅の方向に大きく傾きました。

ダイオキシンは単一の物質ではなく、正式には「**ダイオキシン類**」といい、図8－2－2のような3種類があります。これらは2個のベンゼン環からできた骨格に、1分子当たり1個から8個の塩素原子Clをもつ有機塩素化合物のことです。

そして、塩素原子Clの個数とその結合位置（図8－2－2で数字を振ってある位置）によって、ダイオキシンにはたくさんの異性体が存在し、毒性も変わってきます。

図 8-2-2●ダイオキシン類（3種類）の化学構造図

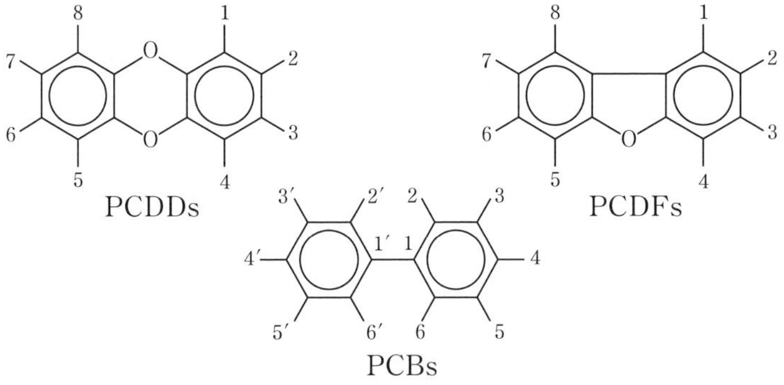

PCDDs　PCDFs　PCBs

ダイオキシンはどこから発生するのでしょうか。自然界では火山の噴火などによってダイオキシンが生じることがあるとはいうものの、天然にはほとんど存在しない化合物です。多くは人間活動、つまり2,4－Dなど除草剤（5章4節を参照）のような有機塩素化合物の合成の際に副産物として生成します。

ダイオキシンの危険性が明らかになったのは、ベトナム戦争における「枯葉作戦」で、米軍がベトナムのジャングルに大量の除草剤を散布した後のことでした。その後の調査で、**塩素化合物と有機物を一緒にして低温で燃焼した際にもダイオキシンが発生する**ことがわかったのです。

身のまわりの塩素化合物といえば塩化ビニルが一番です。それを低温で燃やしたら排煙、煤煙にダイオキシンが混じる可能性があるというのだから大変です。

すでに別章（5章4節）でも述べましたが、街中の一斗缶やドラム缶で行なわれていたゴミの焼却炉や、学校のグラウンドの片隅で燃やされていた簡易焼却炉が姿を消していきました。その次は、自治体が管理する大型焼却炉です。

●ダイオキシン削減

ダイオキシンの発生は、燃焼温度よりも低い300～500℃程度で進行することが知られています。したがって、

①300～500℃という低温域での燃焼過程

②800℃以上の高温で完全燃焼してできた燃焼ガスが、その後、ゆっくり冷えて300～500℃になっていく過程

の両過程でダイオキシン類の生成量は増加すると考えられます。

つまり、ダイオキシンの生成を抑えるためには、燃焼ガスが300～500℃で滞留する時間をできるだけ短くすることです。そのためには、速やかに加熱し、速やかに冷却することが効果的と考えられ

ます。また、ダイオキシン類の生成を抑制するためには、廃棄物中の塩素の量を少なくすることに効果があるのは当然のことです。

このような研究とその応用によって、現在ではダイオキシンの環境への排出量は大幅に削減されました。これ以上の削減を計るには、焼却する廃棄物の量を減らすことが必要になるのではないでしょうか。大量生産・大量消費の時代はそろそろ終わりにすべきなのでしょう。

図 8-2-3●ダイオキシン類の排出量の推移

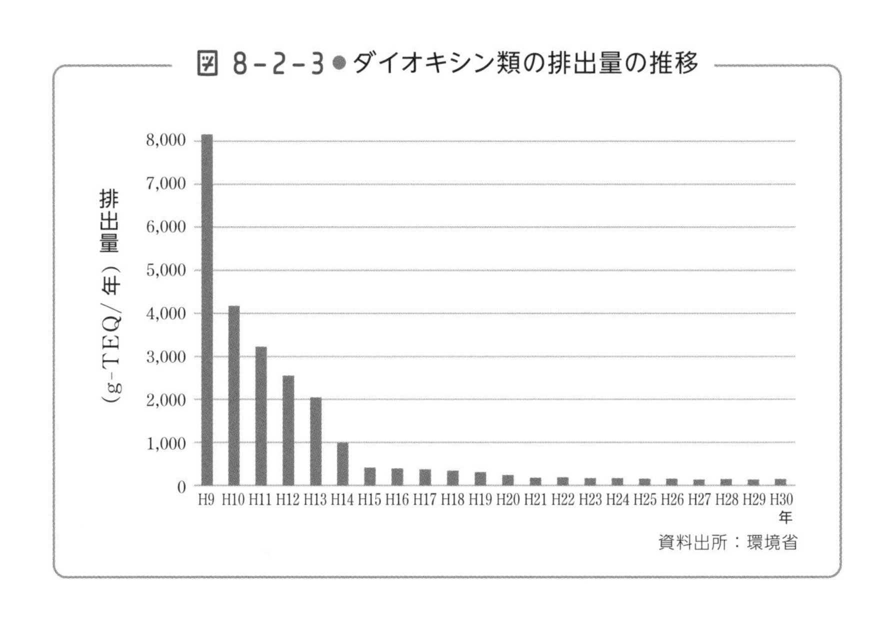

資料出所：環境省

8-3 なぜ、小麦粉や砂糖が爆発するのか？

―― 粉じん、アスベスト

空中を漂うものは、比重が空気より小さいものだけとは限りません。ゴムの比重（0.9～1.8）は空気より少し大きいのですが、ゴム風船の中にヘリウムガス（比重0.14）を入れれば、「ゴム」風船はみごとに空中に舞い上がります。このことから、比重が空気よりも大きな危険物であっても空中を長く漂う、ということがわかります。

●アスベストの危険性とは

アスベストは日本語で**石綿**（いしわた）といいます。その名前の通り、「石（鉱物）でできた綿」のような物質で、鉱物なのに綿のように細い繊維でできています。グラスウールをもっと細くしたといえばよいでしょうか。

図8－3－1 白雲母入りのアスベスト

アスベストにもいろいろ

の種類がありますが、成分元素は主に、カルシウムCa、ケイ素Si、マグネシウムMg、鉄Feなどです。細い繊維状のアスベストが束状にまとまって灰色の塊になって産出します。その繊維1本の直径は0.02～0.5ミクロンで、髪の毛（直径40ミクロン）に比べてもずっと細い物質です。

アスベストは撚って糸にすることもでき、それを織って織物することもできます。またアスベストとセメントを水で練った物は鉄骨や鉄網などに吹き付けることもできます。

アスベストには耐熱性があり不燃性のため、鉄骨建築の鉄骨に吹き付ける耐熱材として大量に使用されました。

学校教育の現場でも、石綿金網として用いられました。鉄製の五徳（銅などを置く器具）の上に石綿金網を敷いて使った経験をおもちの人も多いでしょう。

図8-3-2 アスベスト裏打ちのアイロンの広告（1906年）

●アスベストによる中皮腫

アスベストが折れると細くて短い繊維となり、空中を漂います。ところがこれを吸うと肺の悪性中皮腫、要するに肺がんになる可能性があることが明らかになりました。

吸い込んだアスベストの量と中皮腫や肺がんなどの発病との間には相関関係が認められていますが、どの程度以上のアスベストを、どのくらいの期間吸い込めば、中皮腫になるかということは明らかではありません。残念ながら発病して初めてわかるというのが現状のようです。

現在、アスベストを建材などに用いることは禁止されていますが、かつて用いた建造物はそのまま残っています。問題はこれの取り壊しです。アスベストの埃が工事現場だけでなく周辺の環境に飛び散り、舞い散る可能性があります。

このため、工事現場を厳重に覆う、水を散布する、内部を減圧して、埃が外部に飛散しないようにするなど、さまざまな工夫がなされています。

●粉じん爆発

とうてい爆発するとは思えない原料が、突如、大爆発を起こすことがあります。なんと、小麦粉、砂糖などの可燃性の粉が爆発するのです。これを**粉じん爆発**と呼んでいます。

2008年2月にはアメリカ・ジョージア州の砂糖工場で、砂糖による粉じん爆発が起こり、8人が亡くなり、62人が負傷しました（人数については資料による）。経営者は工場の掃除を怠っていた罪で多額の賠償金を課せられました。

事故後の立ち入り調査の結果、この精糖会社ではモーターの上などに膨大な量の砂糖粉末が堆積して危険な状態にあったことが判明しました。さらに、この爆発事故が起きて1か月たったあとでも、

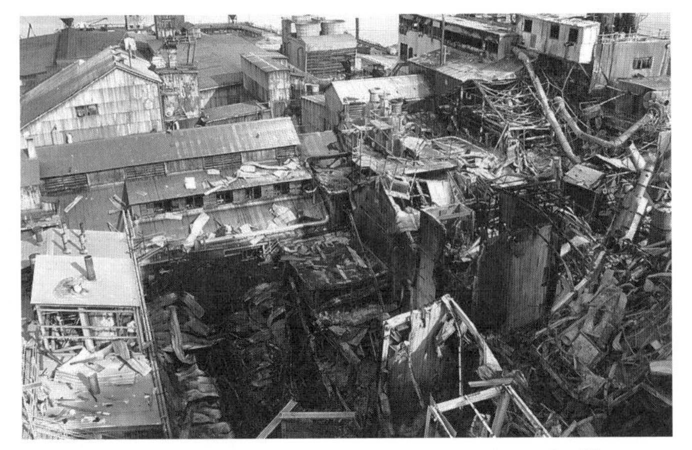

図8−3−3 砂糖の粉じん爆発（2008年アメリカ・ジョージア州）

他の工場で安全対策をほとんど実施していなかったといいます。

2015年には台湾の遊園地で行なわれたイベントで、観客席に向かって撒いていたコーンスターチに引火・爆発し、15人が死亡、約500人が負傷しました。この事件は、日本でも広く報道され、記憶に新しいものです。

日本でも2019年5月、長野県で倉庫が爆発しました。倉庫は、「ぬか」や「もみ殻」といった穀物の粉末などを保管するためのもので、警察や消防によると、配電盤のショートによって出た火によってこれらの粉が爆発した可能性が高いとされています。

かつて日本で石炭が掘られていたころ、炭塵爆発（たんじんばくはつ）という事故が起きていました。

これは炭鉱の坑道内に石炭の粉（炭塵）が充満し、そこへカンテラ（帽子につけた懐中電灯）のスパークの火が飛んで、炭鉱全体に大爆発が起こる現象です。炭塵爆発が起きると多くの炭鉱夫が炭鉱内に閉じこめられ、やけどだけでなく、一酸化炭素中毒、窒息、崩壊した炭鉱壁による生き埋めなど、多くの犠牲者を出したものでした。

●なぜ「粉」が爆発するのか？

炭塵は石炭の粉であり、石炭自体は燃料です。ですから、石炭の粉が爆発するのは考えられますが、小麦粉や砂糖が爆発するのはなぜでしょうか。

実は、石炭だけでなく、小麦粉も砂糖の粉も、片栗粉も、コーンスターチ、あるいは糠（ぬか）やモミ殻も「可燃物」なのです。そして、粉は細かくて表面積が大きいため、空中に舞って火が着くと爆発の条件が揃うわけです。

したがって粉塵爆発は、**可燃性の粉末が一定以上の濃度で充満し、そこに着火物があればどこでも爆発が起きる危険性はある**、ということなのです。

ベンゼン、ヒ素、鉛、水銀、六価クロム、カドミウム

——土壌汚染

一般家屋でも建ててから20年も経てば傷みも出ますし、ゴミや埃も溜まります。連日、化学反応を行なう、化学系の工場ではなおのことです。

たとえば、反応容器から漏れ出た溶媒や反応試薬の一部は建物の隙間を縫って屋根へ出て、大気中に拡散しているでしょう。あるいは反対に床下に溜まり、地面に浸透して地下に溜まっているかもしれません。

浸透した有機物は土壌菌の作用によって、より安定、より有害な物質に変化しているかもしれません。そして、水俣病において毒性の低い無機水銀が海中微生物によって毒性の高い有機水銀に変化したような反応が進行しているかもしれないのです。

●築地市場の豊洲移転

土壌に汚染物質が溜まって土壌が汚染されることを**土壌汚染**といいます。イタイイタイ病において神通川流域の農耕地で起こった現象も土壌汚染です。

2018年、東京の築地市場は豊洲(とよす)に移転しました。移転の際に問題になったのは土壌汚染でした。移転先の場所である豊洲には、

1988年まで東京ガスのガス製造・貯蔵施設がありました。ここは日本最大級の都市ガス製造施設であり、石炭ガスを製造するために必要な石炭やコークス置き場が設置されていました。

さらに操業初期の頃には有害物質を地面に埋めていたこともあったといいます。

これに対して専門家会議は、「浄化した土壌の上に盛り土を行なう」という方式で解決できるものとしました。自治体はその提言に従って工事を始めたのです。

ところが建設工事が完成し、いざ豊洲へ移転を始めようとしたときになって、施設の一部から有害物質が漏洩（ろうえい）していることがわかったのです。

調べてみたところ、新たな盛り土がされておらず、コンクリートで囲んだだけの部分が見つかったといいます。これでは新たな建物の床下に溜まった有毒気体が、床の隙間や配管の隙間から漏れ出してくるのは当然の話です。

ということで、築地から豊洲への移設が延期になったことはご存知の通りです。

●土壌汚染と解決方法

豊洲の土地や地下水を汚染しているのは、主にベンゼン、シアン化合物、ヒ素、鉛、水銀、六価クロム、カドミウムなどであることがわかりました。

これほどの有害物質が勢ぞろいしていなくても、工場の跡地には何かの有害物質が残っていることはよくあります。クリーニング工場の跡地から有機塩素化合物が検出されたなどというのも、よく聞

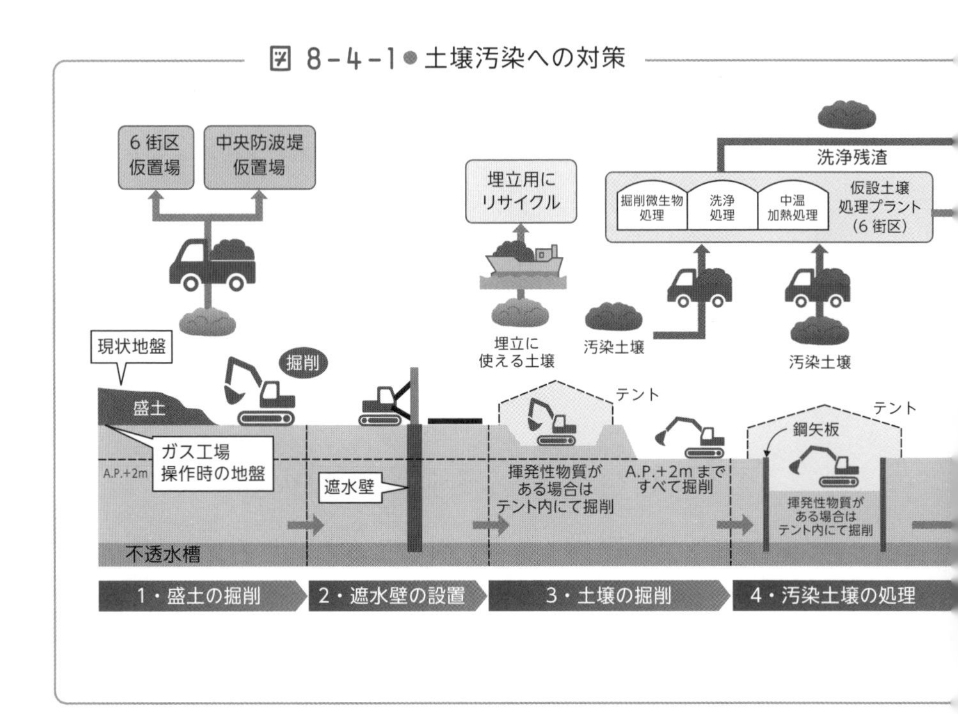

く話です。

汚染されてしまった土地を元に戻すのは簡単ではありません。抜本的な解決策は、汚れた土を新しい土に入れ替えることです。このような場合、汚染された土壌をどこに投棄するかも大きな問題で、新たな火種を生まないとも限りません。

また、土を入れ換える面積は、新築家屋の敷地分だけでは足りないでしょう。限られた1か所だけを綺麗にしたところで、隣の汚染地から汚染物質が流れてくるのは目に見えています。少なくとも工場の跡地をすべて入れ換える必要がありそうです。

土を入れ換える深さは調査次第です。1mでよいのか、10mまで掘り下げなければならないのかは、汚染の具合を調べてみなければわかりません。

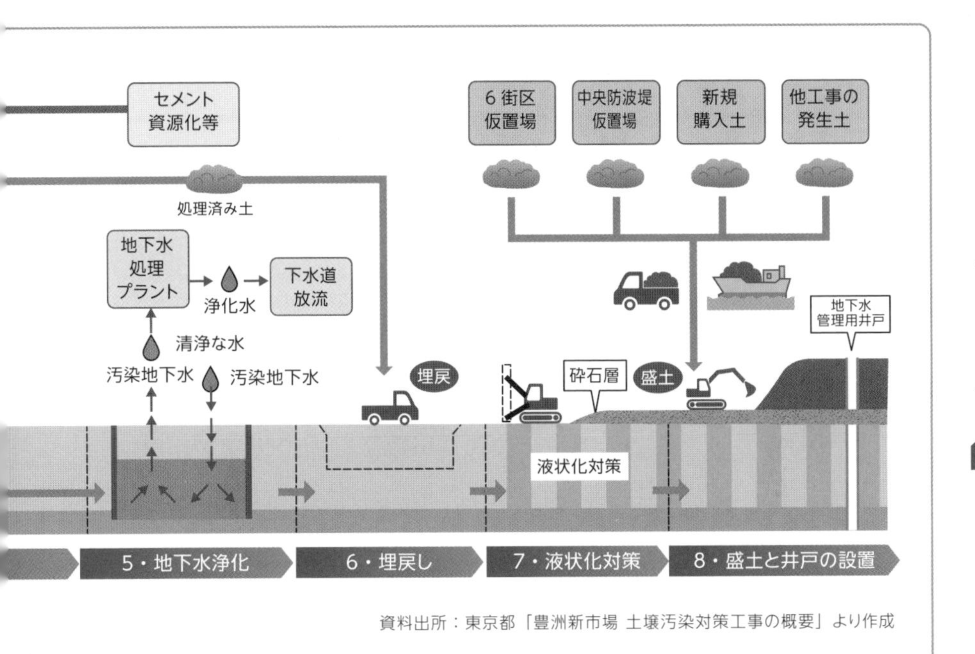

資料出所：東京都「豊洲新市場 土壌汚染対策工事の概要」より作成

最近では簡便な方法もあるようです。2か所に孔を空け、片方から水を入れてもう片方から吸い取るのです。この組合せを複数個所につくります。つまり土壌を洗浄する方法です。

このように、いったん土壌が汚染されると元に戻すのは並大抵のことではなくなるのです。

原発以外でも起きる放射線障害

── 放射線、放射性物質

放射線事故というと、チェルノブイリ事故や福島第一原子力発電所の事故のように、私たちの手に負えない事故のように思えます。もちろん、これらの大規模事故については事前対応は難しいのですが、実は、病院の周辺、あるいは跡地などで放射線が問題になることもあるのです。というのは、最近では放射性物質を扱うのは原子力発電所関係だけではないからです。

本書の最後に、身近に起きた放射線事故（曝露）についてまとめておきましょう。

図 8-5-1●放射線、放射能、放射性物質の違い

放射性物質
放射線を出す物質のこと。体内に残る。

放射能
放射線を出す能力や性質があるということ。

放射線
原子核の反応で放出される物質、あるいはエネルギーのこと。アルファ線、ベータ線、ガンマ線、重粒子線などがある。体内には残らない。

なお、放射線、放射能、放射性物質は混同されがちですので、図8−5−1を見て理解しておいてください。

●病院でのセシウム盗難事故

1987年、ブラジル・ゴイアニア市の病院が移転するために廃院となっていた跡地から、放置されていた放射線源の格納容器（放射線治療用の医療機器）が盗難されました。その格納容器に封入されていた放射性物質はセシウム137（^{137}Cs）で、セシウムはγ（ガンマ）線を出します。重量は93gでした。

盗まれた格納容器はその後、廃品業者などの手を通しているうちに格納容器が解体され、ガンマ線源の^{137}Csがむき出しになりました。そこで危険を感じればよかったのですが、怪しく光る特性に興味をもった住人が触れてしまい、その結果、被曝者は249人に達し、このうち20人に急性障害の症状が認められ、4人が放射線障害で死亡したというのです。病院には放射線を出す機器があることを知っておきたいものです。

●ラジウムガールズ事件

かなり古い話になりますが、1910年代から1920年代にかけて、アメリカでは時計の文字盤にラジウムRaで時刻を書く「夜光時計」というものがはやっていました。その文字を書く女性工員をラジウムガールズと呼びました。

彼女らは文字を書く筆の先端を口でなめ、筆を尖らしていたのです。ラジウムはα（アルファ）線を出す放射性物質です。そのため、彼女らの多くは放射線障害でがんなどになって亡くなりました。

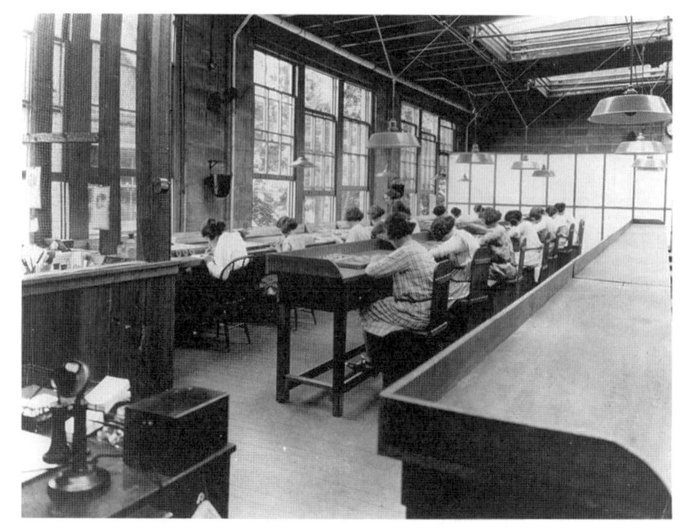

図8−5−2 時計の文字盤に向かうラジウムガールズ

残った人々は経営者を訴えたのですが、この訴訟こそ、労働訴訟の最初の例といわれています。

放射線障害とか放射能による事故というと原子力発電所周辺のことと思いがちですが、身近にも放射線による危険性が待ち受けているのです。

参 考 文 献

『増補 へんな毒 すごい毒』田中真知／筑摩書房（2016年）
『図解雑学　生物・化学兵器』井上尚英／ナツメ社（2008年）
『毒の科学』船山信次／ナツメ社（2013年）
『食物アレルギーのすべてがわかる本』海老澤元宏／講談社（2014年）
『Q&Aでよくわかるアレルギーのしくみ』斎藤博久／技術評論社（2015年）
『目で見る機能性有機化学』齋藤勝裕／講談社（2002年）
『絶対わかる　生命化学』齋藤勝裕、下村吉治／講談社（2007年）
『毒と薬のひみつ』齋藤勝裕／SBクリエイティブ（2008年）
『知っておきたい有害物質の疑問100』齋藤勝裕／SBクリエイティブ（2010年）
『知っておきたい有機化合物の働き』齋藤勝裕／SBクリエイティブ（2011年）
『毒の事件簿』齋藤勝裕／技術評論社（2012年）
『爆発の仕組みを化学する』齋藤勝裕／C＆R研究所（2017年）
『毒の科学』齋藤勝裕／SBクリエイティブ（2016年）
『身近に潜む危ない化学反応』齋藤勝裕／C＆R研究所（2017年）
『毒と薬の不思議な関係』齋藤勝裕／C＆R研究所（2017年）
『料理の科学』齋藤勝裕／SBクリエイティブ（2017年）
『火災と消防の科学』齋藤勝裕／C＆R研究所（2017年）
『身近に迫る危険物』齋藤勝裕／SBクリエイティブ（2017年）
『意外と知らないお酒の科学』齋藤勝裕／C＆R研究所（2018年）
『身近に潜む食卓の危険物』齋藤勝裕／C&R研究所（2020年）
『身近なプラスチックがわかる』西岡真由美（齋藤勝裕、岩田忠久監修）／技術評論社（2020年）
『世界を大きく変えた20のワクチン』齋藤勝裕／秀和システム（2021年）
『「毒と薬」のことが一冊でまるごとわかる』齋藤勝裕／ベレ出版（2022年）
『ビジュアル「毒」図鑑250種』齋藤勝裕／秀和システム（2023年）

索　引

た 行

な 行

は 行

ま 行

や・ら・わ 行

著者紹介

齋藤 勝裕（さいとう・かつひろ）

1945年5月3日生まれ。1974年、東北大学大学院理学研究科博士課程修了、現在は名古屋工業大学名誉教授。理学博士。専門分野は有機化学、物理化学、光化学、超分子化学。主な著書として、「絶対わかる化学シリーズ」全18冊（講談社）、「わかる化学シリーズ」全16冊（東京化学同人）、「わかる×わかった！ 化学シリーズ」全14冊（オーム社）、『マンガでわかる有機化学』『毒の科学』『料理の科学』（以上、SBクリエイティブ）、『「量子化学」のことが一冊でまるごとわかる』『「発酵」のことが一冊でまるごとわかる』『「食品の科学」が一冊でまるごとわかる』『「物理・化学」の単位・記号がまとめてわかる事典』『「化学の歴史」が一冊でまるごとわかる』『「毒と薬」のことが一冊でまるごとわかる』（以上、ベレ出版）など200冊以上。

◉── ブックデザイン　三枝 未央
◉── 編集協力　編集工房シラクサ（畑中 隆）
◉── イラスト　ナカミサコ

身（み）のまわりの「危険物（きけんぶつ）の科学（かがく）」が一冊（いっさつ）でまるごとわかる

2023年 6月 25日　初版発行

著者	齋藤（さいとう） 勝裕（かつひろ）
発行者	内田 真介
発行・発売	ベレ出版 〒162-0832　東京都新宿区岩戸町12 レベッカビル TEL.03-5225-4790　FAX.03-5225-4795 ホームページ　https://www.beret.co.jp/
印刷	モリモト印刷株式会社
製本	根本製本株式会社

ISBN 978-4-86064-728-5 C0043　　編集担当　坂東 一郎